U0681934

普通高等教育"十二五"规划教材

# C++程序设计习题与实验教程

主　编　祁云嵩　王　芳
副主编　张晓如　华　伟　於跃成

科学出版社

北　京

# 内 容 简 介

本书是 C++程序设计课程的学习与上机实验教材。在内容和章节安排上与《C++程序设计教程》（科学出版社 2013 年出版）配套。全书共 11 章，内容包括概述、数据类型与表达式、流程控制语句、数组、函数与编译预处理、结构体与简单链表、类和对象、继承与多态性、友元函数与运算符重载、模板与异常处理及输入/输出流。每章都是由知识点概要、典型例题解析、习题及实验内容与指导四部分组成。

本书可作为普通高等学校 C++课程的上机实践教材，也可供编程爱好者阅读参考。

**图书在版编目(CIP)数据**

C++程序设计习题与实验教程 / 祁云嵩，王芳主编. —北京：科学出版社，2013

普通高等教育"十二五"规划教材

ISBN 978-7-03-038386-0

I. ①C… II. ①祁… ②王… III. ①C 语言–程序设计–高等学校–教学参考资料 IV. ①TP312

中国版本图书馆 CIP 数据核字(2013)第 190342 号

责任编辑：相 凌 王迎春 / 责任校对：鲁 素
责任印制：赵 博 / 封面设计：华路天然工作室

**科 学 出 版 社** 出版
北京东黄城根北街 16 号
邮政编码：100717
http://www.sciencep.com

**保定市中画美凯印刷有限公司** 印刷

科学出版社发行 各地新华书店经销

*

2013 年 8 月第 一 版 开本：787×1092 1/16
2017 年 1 月第三次印刷 印张：14 3/4
字数：349 000

**定价：33.00 元**

(如有印装质量问题，我社负责调换)

# 前　言

　　C++程序设计是一门实践性很强的课程，仅通过课堂教学和阅读教科书，很难提高程序设计能力。在日常的教学实践中，很多学习者的感觉是课堂内容易懂、难记，实际编程时无从下手，其主要原因还是学习方法不当。本书的主要思想是使学生在应用中学习知识，在练习中巩固知识。

　　本书共 11 章，每章内容分为四部分，第一部分为知识点概要，第二部分为典型例题解析，第三部分为习题，第四部分为实验内容与指导。由于编程实践不但可以培养、训练学生对程序设计语言的应用能力，更重要的是使学生在应用中掌握知识。学生要解决应用中的问题，就必须掌握相关知识，这种内在的需求比常规的被动学习效果要好得多。所以，各章节的第四部分的实验是整个 C++程序设计语言学习的主线，其内容的安排力求做到由浅入深、由易到难。在每章的实验中，都安排了一个或几个实验程序，对于一些有难度的实验内容，书中还给出了类似的可供参考的例题，以帮助学习者加深理解。建议在完成第四部分实验的基础上再通过第三部分的习题巩固基础知识，细化知识点。

　　本书由祁云嵩老师负责编写第 1 章和第 7 章并统稿，张晓如老师负责编写第 2 章和第 3 章，华伟老师负责编写第 4 章和第 8 章，於跃成老师负责编写第 5 章，王芳老师负责编写第 6 章和第 9 章，王勇老师负责编写第 10 章，束鑫老师负责编写第 11 章。

　　本书在编写过程中得到了教研室全体教师的帮助，学校教材科全体教师也给予了大力支持，在此一并表示感谢。

　　由于编者水平有限，书中疏漏之处恳请广大读者批评指正。

作　者

2013 年 6 月

# 目　录

# 第1章 概　述

## 1.1　知识点概要

**1. C++源程序格式**

以下为一个简单的 C++程序示例:

```
//C++程序设计示例
#include<iostream.h>
void main(void)
{
    cout<<"C++程序设计\n";    /* 简单的屏幕输出 */
}
```

运行该程序,屏幕显示如下:

```
C++程序设计
```

一个简单的 C++程序由程序注释、文件包含指令、主函数等部分组成。

1) 程序注释

注释仅用来向读者解释程序的内容,系统并不执行注释的内容。"//"后当前行内所有的字符均为注释信息。"/\*…\*/"用于标识多行注释的开始和结束。程序的注释信息有时很重要,它能帮助读者或程序员理解程序(程序员可能也会忘记设计程序时的某些细节问题)。

2) 文件包含指令

以"#"开头的行称为编译预处理指令。上述示例程序中的第二行编译预处理指令的功能是将头文件 iostream.h 包含进来。C++程序如果要进行输入/输出,必须包含文件iostream.h,该系统文件中定义了输入/输出方法。

3) 主函数

函数是 C++的程序的基本组成部分。任一 C++程序均由一个或多个函数组成,并且有且只有一个主函数,上述示例程序中的"void main(void)"是主函数的头部。C++程序从主函数的第一条语句开始执行,直至主函数结束。在主函数中可以调用其他函数。C++程序中的每个函数体都必须以"{"开始,以"}"结束。在本例的主函数中,语句"cout<<"C++程序设计\n";"的功能是将双引号中的内容在屏幕上显示出来("\n"表示换行符,参见第 2 章)。注意,一个完整的 C++功能语句必须以分号结束,语句中的双引号、分号均为西文符号。

**2. C++程序上机过程**

本书以 Microsoft Visual C++6.0 为编译环境说明 C++程序的上机过程,其步骤如下。

(1)在操作系统环境下启动 VC++集成开发环境，打开图 1-1 所示的界面。

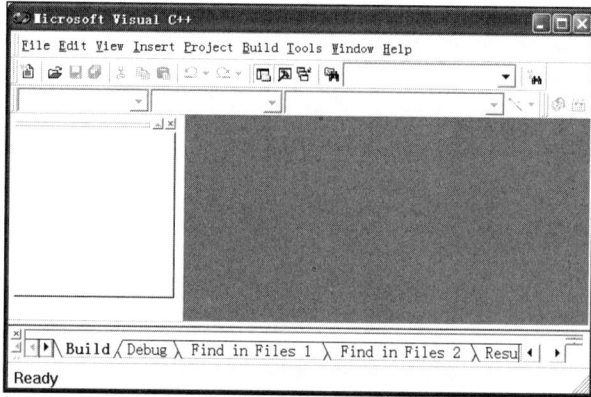

图 1-1　VC++集成开发环境主界面

(2)选择 File(文件)菜单下的 New(新建)命令，出现图 1-2 所示的界面(不可通过"新建"按钮建立新的 C++源程序文件，该按钮的功能是新建一个文本文件)。图 1-2 所示界面中的标签 Projects 可为新程序设定工程项目。对初学者来说，编辑小的源程序不必建立项目，可以直接选择左上角的 Files 标签，打开图 1-3 所示的界面。

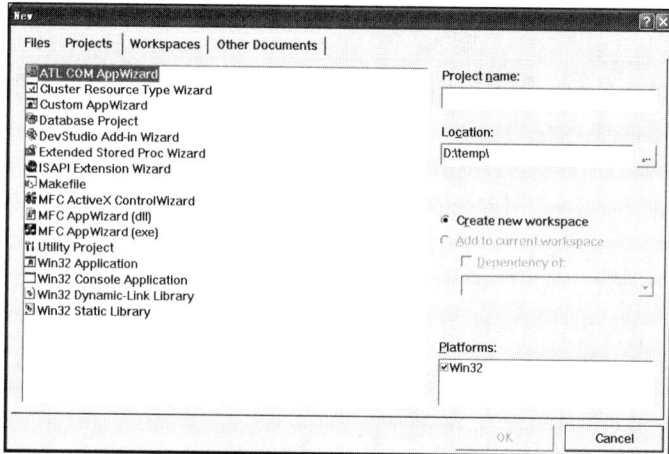

图 1-2　新建 VC++工程项目界面

(3)在图 1-3 所示的界面左侧选定文件类型为 C++Source File，在右侧输入程序文件名并选定文件存放目录，然后单击 OK 按钮，出现如图 1-4 所示的程序编辑界面，即可开始编辑程序。

(4)编辑完源程序后，执行 Build 菜单下的 Compile 命令，对源程序进行编译。系统将在下方的窗口中显示编译信息。如果界面中无此窗口，可按 Alt+2 组合键或执行 View→Output 命令。

如果源程序有语法错误，系统将显示出错误所在的行号并给出提示信息。双击相应的错误提示内容，源程序中的光标将自动移至该错误所在的行，但这仅表示该错误可能由这一行引起，具体错误内容可根据系统提示信息进行判断，一般从第一个错误开始修改。

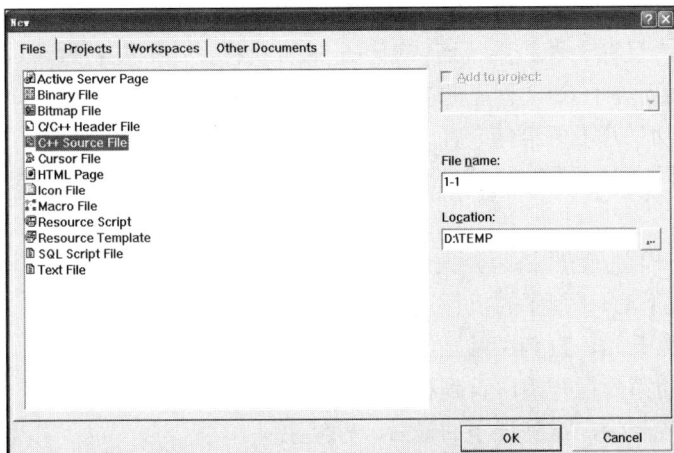

图 1-3 新建 VC++源程序文件界面

图 1-4 VC++源程序编辑界面

如果编译后已无错误提示，则可执行 Build→Build 命令生成相应的可执行文件，随后执行 Build→Execute 命令运行程序。

(5)如果要编辑第二个源程序，则应通过 File 菜单下的 Close Workspace 命令关闭当前工作区(注意：File 菜单下的 Close 命令只能关闭正在编辑的文件，而不能关闭当前工作区)，然后重复以上步骤。否则，即使关闭了原来的文件，新编辑的源程序还将与原来的程序相互影响而难以运行。

## 1.2 典型例题解析

【例 1.1】C++源程序默认的扩展名为_____。

A. cpp B. txt C. exe D. obj

【答案】A

【解析】系统默认的 C++源程序的扩展名为 cpp,源程序编译后生成相应的目标文件,其扩展名为 obj,目标文件经系统连接后生成的可执行文件扩展名为 exe。

【例 1.2】下列关于 C++程序的书写规则,不正确的是_____。

A. 一行可以写若干条语句　　　　B. 一条语句可以写成若干行

C. 可以在程序中插入注释信息　　　D. C++程序不区分大小写字母

【答案】D

【解析】C++程序是严格区分大小写字母的,例如,主函数名 main 不能写成 Main。

【例 1.3】关于 C++程序的执行过程,以下说法正确的是_____。

A. 从主函数开始,直到主函数结束

B. 从程序的第一行开始,直到程序的最后一行结束

C. 从主函数开始,直到程序的最后一行结束

D. 从程序的第一个函数开始,直到程序的最后一个函数结束

【答案】A

【解析】不管主函数处于程序的什么位置,C++程序总是从主函数的第一条语句开始执行,主函数执行结束,则整个程序也结束运行。其他所有函数的运行均直接或间接由主函数调用。

【例 1.4】在 C++程序中,要使用库函数,必须用编译预处理指令将相应的头文件包含进来。如要使用标准的数学函数,相应的编译预处理指令为_____。

【答案】#include<math.h>

【解析】C++的数学头文件 math.h 中包含了常用的数学函数。

【例 1.5】完整的 C++程序中,有且只有一个_____函数。

【答案】main

【解析】任何一个完整的可执行 C++程序必定有且只有一个主函数。

【例 1.6】编程实现在屏幕上显示几行文字信息。

【程序】

```
#include<iostream.h>
void main(void)
{    cout<<"我设计的第一个 C++程序！"<<'\n';
     cout<<"从中我了解了 C++程序的基本组成。"<<endl;

}
```

【解析】该程序经编译、连接后运行时在屏幕上显示以下两行文字:

我设计的第一个 C++程序！

从中我了解了 C++程序的基本组成。

程序的第一行表示程序编译时要将系统提供的文件 iostream.h 包含进来,因为在该文件中定义了标准的输入/输出方法。在 C++程序中如果要用到标准设备(键盘、显示器)

的输入/输出，均应通过该指令将 iostream.h 文件包含进来。

　　任何一个可执行的 C++程序均应包含一个且只能包含一个主函数，C++程序总是从主函数开始执行。程序的第二行是主函数的头部，下面用一对大括号括起来的部分是主函数的内容，只要修改这部分内容就可得到不同的运行结果。

　　在设计 C++程序时还应注意以下几点。

　　(1)主函数的内容必须包含在一对大括号内。

　　(2)主函数中各语句必须以分号结束。

　　(3)双引号中的内容是要在屏幕上显示的内容。程序中的 endl、\n 均表示换行信息。如果不输出换行信息，则第二行输出将接在第一行后面。

　　(4)编程时应注意分号和引号均应为西文字符。C++程序中除了程序注释信息以外，只有双引号内才可以出现中文信息。

# 1.3　习　　题

**一、选择题**

　　1. 关于 C++程序设计语言，下列叙述正确的是_____。

　　A. 花括号"{"和"}"只能作为函数体的定界符

　　B. 界于"/*"和"*/"之间的注释部分可以多于一行

　　C. C++程序的每一行都应以分号结束

　　D. C++程序中只能有一行库文件包含命令

　　2. 下列说法不正确的是_____。

　　A. C++程序总是从主函数开始执行

　　B. C++的主函数必须出现在所有函数之前

　　C. C++的主函数必须以 main 命名

　　D. C++中除了主函数以外，还可以有其他函数

　　3. 下列可用于标识 C++源程序注释的符号为_____。

　　A. #　　　　　　　　B. //　　　　　　　　C. %　　　　　　　　D. ;

　　4. 一个完整的 C++源程序中，_____。

　　A. 必须有一个主函数　　　　　　B. 可以有多个主函数

　　C. 必须有主函数和其他函数　　　D. 可以没有主函数

**二、填空题**

　　1. 一个 C++程序必须有且只能有一个_____函数。

　　2. 在 C++程序中，要使用库函数，必须用编译预处理指令将相应的头文件包含进来；如要进行标准输入/输出，则该编译预处理指令为_____。

　　3. C++源程序编辑好后，还必须经过___①___和___②___才能得到可执行文件。

　　4. C++源程序中，函数体应置于_____之内。

　　5. 一个完整的 C++功能语句应以_____结束。

　　6. C++源程序缺省扩展名为___①___，经编译后生成的目标文件扩展名为___②___，

连接后生成的可执行文件扩展名为_____ ③ _____。

### 三、编程题

编写一个简单的 C++程序，实现在屏幕上显示自己的姓名和学号。

# 1.4 实验内容与指导

### 【实验目的】

1. 熟练使用 VC++的编程环境。
2. 初步了解 C++程序的编译、连接和运行过程。
3. 掌握和理解 C++程序的结构。
4. 熟悉 C++程序数据的输入/输出。

### 【实验内容】

编程在屏幕上按如下格式显示唐诗：

春眠不觉晓，

　　处处闻啼鸟；

　　　夜来风雨声，

　　　　花落知多少。

### 【实验指导】

总结实验中在编辑、编译、连接、运行等环节所出现的问题及解决方法。

# 第2章 数据类型与表达式

## 2.1 知识点概要

### 2.1.1 标识符

**1. 字符集**

C++的字符集由 ASCII 码中的可见字符构成。

**2. 关键字**

关键字是由 C++中预先约定用于固定用途的字符组合。

**3. 标识符**

C++中的关键字和用户自定义标识符均由 C++符号集中的符号组成。

用户自定义标识符只能由字母、数字和下划线 3 种字符组成，第 1 个字符必须为字母或下划线，不能是数字。

**4. 分隔符**

分隔符用来分隔各语法单位，常用的分隔符有空格、制表符、换行符、注释符、运算符和标点符号。另外，还用一些标点符号作为语法约束，如表 2-1 所示。

表 2-1　C++语言中常用标点符号及其作用

| 标点符号 | 作用 | 标点符号 | 作用 |
| --- | --- | --- | --- |
| , | 作为数据分隔或运算符 | ; | 作为语句结束符 |
| : | 作为语句标号 | { } | 作为复合语句的标记符或自定义类型的成员范围 |
| ' | 作为字符常量标记符 | ( ) | 作为运算符运算次序标记符，或用于函数参数及调用 |
| " | 作为字符串常量标记符 | … | 作为可变参数 |

### 2.1.2 数据类型与表达式

**1. 基本数据类型**

常量与变量都具有类型，整型数据可用关键字 short、long、unsigned 和 signed 来修饰，如长整型（long int）、短整型（short int）、无符号长整型（unsigned long int）等。不同数据分配不同大小的空间。

对于像 unsigned long int 这样长的数据类型名，C++语言提供了一个关键字 typedef，可用它定义一个简单的名字，用来简化程序，例如：

```
typedef unsigned long int ulint;
```

这样，在程序中所有出现 ulint 的地方均表示 unsigned long int。注意，这里并没有定义新的数据类型，只是给原类型名起了一个别名。

2. 字面常量

从字面形式即可识别的常量称为字面常量，如整型常量、实型常量、字符型常量、字符串常量等。

(1) 整型常量。整型常量可用十进制、八进制和十六进制 3 种不同的方式表示。其中，八进制常量以数字 0 开头，十六进制常量以数字 0 和英文字母 X (或 x) 开头。

(2) 实型常量。实型常量可用十进制小数形式和指数形式两种不同方式表示。其中，指数形式表示为

$$数符+尾数+e(或 E)+阶码+阶数$$

其中，尾数和阶数均不可少。

(3) 字符型常量。在内存中用 ASCII 码存储，与整型数据可以通用。

对于转义字符，若 "\" 后接数字，则只能是八进制或十六进制数，且取值范围为十进制数 0~255。

(4) 字符串常量。在存储时编译系统会自动加一个结束标志 "\0"，它不属于字符串的长度部分，但占一个字节。

3. 符号常量

用一个符号名代表一个常量，称为符号常量，即以标识符形式出现的常量。

(1) 用宏定义。格式如下：

```
#define 宏名 常量值
```

其中，常量值可以是前面介绍的各种类型。

(2) 用 const 定义。格式如下：

```
const 数据类型 常量名=常量值;
```

或

```
const 数据类型 常量名(常量值);
```

其中，数据类型可以是除空类型外的任何一种数据类型，"="称为赋值号，用于完成赋值工作。

用宏定义表示常量时数据没有类型，在内存中并不存在以符号常量命名的存储单元。用宏定义常量为编译预处理，最后不可以用分号结束。

用 const 定义的量又称为常变量，它具有变量的特征、类型，在内存中存在着以它命名的存储单元，可以用 sizeof 运算符测出其长度。与一般变量唯一的不同是其值不能改变。用 const 定义常变量的形式最后以分号结束。

4. 变量

变量定义的一般格式如下：

```
数据类型 变量名 1，变量名 2，…，变量名 n;
```

变量赋初始值的一般格式如下：

数据类型　变量名=表达式；

或

数据类型　变量名(表达式)；

指针变量定义的一般格式如下：

数据类型　*变量名 1，*变量名 2，…，*变量名 n；

引用变量定义的一般格式：

数据类型　&引用名=变量名；

(1)变量必须先定义后使用。变量定义后可存放相应的数据，即为变量赋值。

(2)指针变量中存放的是地址，可通过该地址取到相应内存中的数据。

(3)引用变量为某个已有变量起的别名，实际上与已有变量是同一个变量，故其值与原已有变量的值相同。

5. 数据的输入/输出

数据输入的一般格式如下：

cin>>变量名 1>>变量名 2>>…>>变量名 n；

数据输出的一般格式如下：

cout<<表达式 1<<表达式 2<<…<<表达式 n；

输入的数据可用空格分隔，也可用回车符分隔。输入/输出的整型数据在通常情况下默认为十进制数，也可输入/输出其他进制整数。例如，若需要输入/输出八进制整数，可用 oct 表示；若需要输入/输出十六进制整数，可用 hex 表示；十进制整数可用 dec 表示。

## 2.1.3　运算符与表达式

1. 运算符

运算符除了具有相应的含义外，还要考虑其优先级、结合性，以及操作数的类型等。各运算符的具体情况见表 2-2。

表 2-2　C++的运算符

| 优先级 | 运算符 | 含义 | 目数 | 结合性 |
|---|---|---|---|---|
| 1 | :: | 作用域运算符 | 2 | 从左向右 |
| | () | 改变运算优先级 | | |
| | [] | 下标运算符 | | |
| | -> | 指向结构体成员运算符 | | |
| | . | 结构体成员运算符 | | |
| | & | 引用运算符 | 1 | 从右向左 |
| | ++、-- | 后置自增、自减运算符 | | |

| 优先级 | 运算符 | 含义 | 目数 | 结合性 |
|---|---|---|---|---|
| 2 | ! | 逻辑非运算符 | 1 | 从右向左 |
| | ++、-- | 前置自增、自减运算符 | | |
| | - | 取负运算符 | | |
| | + | 取正运算符 | | |
| | (类型) | 类型转换运算符 | | |
| | * | 指针运算符 | | |
| | & | 地址运算符 | | |
| | sizeof | 数据类型长度运算符 | | |
| | new | 分配存储单元 | | |
| | delete | 释放存储单元 | | |
| 3 | * | 乘法运算符 | 2 | 从左向右 |
| | / | 除法运算符 | | |
| | % | 求模运算符 | | |
| 4 | + | 加法运算符 | 2 | 从左向右 |
| | - | 减法运算符 | | |
| 5 | <<、>> | 左移位、右移位运算符 | 2 | 从左向右 |
| 6 | <、<=、>、>= | 小于、小于等于、大于、大于等于运算符 | 2 | 从左向右 |
| 7 | == | 相等运算符 | 2 | 从左向右 |
| | != | 不相等运算符 | | |
| 8 | & | 按位与运算符 | 2 | 从左向右 |
| 9 | ^ | 按位异或运算符 | 2 | 从左向右 |
| 10 | \| | 按位或运算符 | 2 | 从左向右 |
| 11 | && | 逻辑与运算符 | 2 | 从左向右 |
| 12 | \|\| | 逻辑或运算符 | 2 | 从左向右 |
| 13 | ?: | 条件运算符 | 3 | 从右向左 |
| 14 | =、+=、-=、*=、/=、%= | 赋值运算符 | 2 | 从右向左 |
| 15 | , | 逗号运算符 | 2 | 从左向右 |

自增、自减运算要注意前置和后置之分。前置是指操作数先自增/自减后，其值参与当前表达式的运算，后置是指先取操作数参与当前表达式的运算，然后再使操作数自增（后减）。

2. 类型转换

(1)在双目运算中，如果两个操作数的类型不一致，则自动进行类型转换。

(2)赋值运算时，若左右两边操作数的类型不一致，则将右边操作数转换成左边变量的类型。

除了自动类型转换外，有时需要进行强制类型转换。例如，由于两个整数相除的结果为整数，此时若希望结果为实型，则可将其中之一先强制转换为实型。强制类型转换的一般格式如下：

(数据类型名)表达式

或

数据类型名(表达式)

3. 表达式

用变量、常量、运算符、函数调用、圆括号等按一定规则连接起来的式子称为表达式。单个的常量、变量、函数调用等都是表达式。通常有算术表达式、赋值表达式、关系表达式、逻辑表达式等。在进行表达式运算时需要考虑结果的类型。

## 2.2 典型例题解析

【例 2.1】执行以下程序时，若依次输入：

123    44    a   bc

则输出结果是什么？

```
#include <iostream.h>
void main( )
{    inti,j;                        //A
     char k,s,t;                    //B
     cin>>i>>j;                     //C
     cin>>k>>s>>t;                  //D
     cout<<hex<<i<<'\t'<<j<<endl;   //E
     cout<<k<<s<<t<<'\n';           //F
}
```

【答案】7b        2c

　　　　abc

【解析】程序中，A、B 行分别定义整型变量和字符型变量；C 行输入语句执行时将 123 存入变量 i，将 44 存入变量 j；D 行输入语句执行时分别将字符数据 a、b、c 存入变量 k、s、t，这里字符之间既可用空格或回车符分隔，也可以不用分隔符；E 行输出时，i 的输出值为十六进制数 7b，j 的输出值为十六进制数 2c；F 行输出 3 个字母字符 abc。

【例 2.2】写出下列程序的输出结果。

```
#include <iostream.h>
void main( )
{
     int a=2,x,y;
     x=a++ + ++a;                   //A
     cout<<a<<'\t'<<x<<'\n';
     y=5+(a++);                     //B
```

```
        cout<<a<<'\t'<<y<<'\n';
    }
```

【答案】4　　　6
　　　　　5　　　9

【解析】A 行语句等同于：a=a+1，x=a+a，a=a+1；此时 x 的值为 6，a 的值为 4。注意，这里加号中间必须用空格分隔，否则编译时系统会报错。

B 行语句中的后置自增运算符尽管优先级比较高，也不能先计算，它等同于语句：y=5+a，a=a+1；因此执行 B 行语句后，y 的值为 9，即 5+4，a 的值为 5。

【例 2.3】写出执行下列程序后的输出结果。

```
#include <iostream.h>
void main( )
{
    int x=2,*y,&z=x;              //A
    y=&x;                         //B
    *y=5;                         //C
    z=z++;                        //D
    cout<<x<<'\t'<<*y<<'\t'<<z<<'\n';
}
```

【答案】6　6　6

【解析】A 行语句定义了整型变量 x，并赋初始值 2，指针变量 y，引用型变量 z 作为变量 x 的引用，这样 x 与 z 的值始终一致；B 行语句使指针 y 指向 x；C 行语句将 5 赋给指针变量 y 作为内容，即 x 的值改为 5，此时 z 的值也为 5；D 行语句执行后，z 的值为 6。

【例 2.4】编写程序完成输入一个实数，将该数保留 2 位小数后输出。要求对舍弃的位进行四舍五入。

【程序】

```
#include <iostream.h>
void main( )
{
    float x;
    cout<<"请输入一个实数:";
    cin>>x;
    x=x+0.005;
    x=(int)(x*100);              //强制转换成整数
    x=x/100;
    cout<<"四舍五入取小数点后 2 位，得数据：";
```

```
        cout<<x<<'\n';
}
```

【解析】为了做到四舍五入，本题先对实数小数后第 2 位数作处理，再将实数强制转换成整数，最后再转换成实数。

## 2.3　习　　题

**一、选择题**

1. 下列选项中，合法的 C++函数名是＿＿＿＿。
A. While　　　　　B. switch　　　　　C. A.doc　　　　　D. 0xABCL

2. 下列符号中，能用做 C++用户标识符的是＿＿＿＿。
A. Char　　　　　B. 5d　　　　　C. a!b　　　　　D. −5D

3. 设有"int a=0，m=5，n=10;"，执行语句"a=(m+n，m−−n);"后，a、m、n 的值分别为＿＿＿＿。
A. −5　4　10　　　　　　　　B. −5　4　9
C. −5　5　9　　　　　　　　D. −5　5　10

4. 下列关于 C++程序的书写规则正确的是＿＿＿＿。
A. 一行只能写一条语句　　　　B. 一条语句不可以写成若干行
C. 可以在程序中插入注释信息　　D. C++程序不区分大小写字母

5. 数学式 $\dfrac{\sin(x^2+y^2)}{xy}$ 在 C++程序中正确的表达式为＿＿＿＿。
A. sin(x*x+y*y)/x*y　　　　　B. SIN(x*x+y*y)/(x*y)
C. sin(x*x+y*y)/(x*y)　　　　D. sin((x*x+y*y)/(x*y))

6. 下面的常数表示中不正确的是＿＿＿＿。
A. 32　　　　　B. '111'　　　　　C. 0x1b5　　　　　D. '\77'

7. 若 a1、a2、a3、a4 均为整型变量，则以下选项中符合 C++语法规则的表达式有＿＿＿＿。
A. a4=0Xa2　　　　　　　　B. a2=a1+a3=3*5
C. a3=078　　　　　　　　D. a1=66%3.0

8. 设有说明"int x=1，y=1，k;"，执行语句"k=x++||++y;"后，变量 x、y 的值分别为＿＿＿＿。
A. 1　1　　　　　B. 1　2　　　　　C. 2　1　　　　　D. 2　2

9. 设有"char c;"，则以下赋值正确的是＿＿＿＿。
A. c= "B"　　　B. c= "23"　　　C. c='\123'　　　D. c='\x123'

10. 设有变量说明"int m=2,n=5;"，则执行语句"m+=m*=n − =m/=m;"后，m、n 的值分别为＿＿＿＿。
A. 8　4　　　　　B. 5　4　　　　　C. 10　4　　　　　D. 8　3

11. 设有定义 "int k=0;"，以下选项中 k 的值与其他 3 个选项不相同的是_____。

A. k+=1   B. k++   C. ++k   D. k+1

12. 设有说明 "float x,y;"，则下列表达式中存在语法错误的是_____。

A. ++x>y--?x++:y   B. x+++y   C. x/=y++   D. x%y

13. 已知 "int m=11;"，则下列引用方法正确的是_____。

A. float &b=m; B. int &x=11; C. int &z;  D. int &y=m;

14. 设有说明语句 "int a=4,b=3,c=2,d=1,m=0,n=0;"，则执行语句 "c=(m=a<b)&&(n=c>d);" 后，m 和 n 的值分别为_____。

A. 1  1   B. 1  0   C. 0  1   D. 0  0

15. 设有说明语句 "int a,b;"，执行语句 "b=(a=2,a*a),a++;" 之后，a、b 的值分别为_____。

A. 2  4   B. 3  4   C. 4  4   D. 4  2

16. 执行以下语句序列后，输出结果为_____。

```
int a=1; char c='A';
c+=1; a+=c;
cout<<a<<'\t'<<c<<'\n';
```

A. B    B      B. 67    67

C. 67    B      D. B    67

17. 执行语句 "int k=16; k=1/5*k++;" 后，k 的值是_____。

A. 0   B. 1   C. 16   D. 17

18. 设有变量定义 "int x=6, n, *p1=&x, *p2=&x;"，则下列表达式不正确的是_____。

A. *p1=*p2   B. p2=&p1   C. n=*p2   D. p2=p1

## 二、填空题

1. 表达式'A'+2.7 结果的类型为_____。

2. 表达式 1.5+2/5 的值为_____。

3. 要对 C++的实型数据取绝对值，应使用___①___函数。为了使用该函数，程序还应将___②___头文件包含进来。

4. C++中唯一的三目运算符为_____。

5. 设 x=237，则表达式!(-x)的值为_____。

6. 整型变量 x 为大于 5 的奇数的表达式为_____。

7. 若关系表达式成立，则其值为_____。

8. 设有 3 个变量 a、b、c，则 a 是 b 和 c 的公约数可用表达式_____表示。

9. 设有变量说明 "int x;"，则将 x 强制转换为实型数的表达式为_____。

10. 设有语句 "float a=2.7,*p=&a; a=*p *2;"，则变量 a 的值是_____。

11. 执行语句 "int x=3, y=1, a=0; a=(x--==++y)?y?x:y:a+=x--;" 后，x 的值为___①___，a 的值为___②___。

12. 设 a 和 b 为整型变量，执行语句"b=((a=2+3, a/4), a−−);"后，a 和 b 的值分别为_____、_____。

13. 执行以下语句序列时，如果键盘输入为 20　20　20　20　20，则 a1、a2、a3、a4、a5 的值分别为___①___、___②___、___③___、___④___、___⑤___。

```cpp
# include <iostream.h>
void main( )
{
    int a1, a2, a3,a4, a5;
    cin>>a1>>hex>>a2>>a3>>oct>>a4>>dec>>a5;
    cout<<dec<<a1<<'\t'<<a2<<'\t'<<a3<<'\t'<<a4<<'\t'<<a5<<'\n';
    }

}
```

14. 执行以下程序后，c1 和 c2 的输出结果分别为___①___和___②___。

```cpp
#include <iostream.h>
void main( )
{
    char c1, c2;
    c1='a';    c2='b';
    c1=c1-32;  c2=c2-32;
    cout<<c1<<'  '<<c2<<endl;
}
```

15. 设有语句"int a=5, b=2, c=9, d; d=0||(c=a+b)&&(c=a-b);"，执行语句后 c 和 d 的值分别为___①___和___②___。

16. 设有说明语句"int i;float x;"，则执行语句"x=i=9.7;"后，x 的值为_____。

17. 若有"int a=2; a+=a−=−a*a++;"，则 a 的值是_____。

18. 字符串"12\658\0\\r\'\t"的长度为_____。

### 三、编程题

1. 输入两个正整数，要求互相交换位置后输出。

2. 编写程序，实现从键盘上输入三角形的 3 条边，输出三角形的面积。
三角形面积的计算公式为 $\sqrt{s(s-a)(s-b)(s-c)}$，其中，$s=(a+b+c)/2$。

## 2.4　实验内容与指导

### 【实验目的】

1. 掌握标识符的定义方法。

2. 掌握变量定义及数据输入/输出的方法。

3. 进一步理解运算符的运算规则，掌握 C++表达式的书写方法。

**【实验内容】**

1. 编程完成从键盘输入两个实数，分别求它们的和、差、积、商，并输出结果。

2. 编写程序，实现从键盘上输入一个实数，分别求出它的整数部分和小数部分，并输出结果。例如，输入 25.76，输出 25    0.76。

3. 编写程序，实现从键盘输入一个三位正整数，输出将其各位数字反序后组成的 3 位数。例如，输入 358，输出 853。

**【实验指导】**

1. 简单程序设计的基本思路如下：

(1)定义变量；

(2)变量赋值(或输入数据)；

(3)按题目要求对变量进行运算；

(4)输出结果，输出时注意格式。

当一个程序编译调试完成后，先执行"文件"→"关闭工作空间"命令后，再执行"文件"→"新建"命令开始重新编写下一个程序。

2. 本题既可以将实数赋值给整型变量取实数的整数部分，也可以利用强制类型转换取实数的整数部分。

3. 用"/"和"%"运算符分别求出三位数的 3 位数字。注意，本题只能输入 1 个三位数，不可以输入 3 个一位数。

# 第3章 流程控制语句

## 3.1 知识点概要

### 3.1.1 程序的基本控制结构

一般情况下，程序是依照语句在程序中的次序依次执行的，控制语句起到控制程序走向的作用。C++语言中有顺序结构、选择结构和循环结构3种基本控制结构。

### 3.1.2 选择结构

选择结构有 if 语句、if…else 语句和 switch 语句。其中，if 语句用于根据条件选择执行或不执行，if…else 语句用于对两组语句进行二选一，switch 语句一般用于从多组语句中选择一组或多组执行。

1. if 语句

if 语句的语法格式如下：

```
if(条件表达式)
语句块;
```

无论表达式成立还是不成立，if 语句结束后继续执行其后的语句。

2. if…else 语句

if…else 语句的语法格式如下：

```
if(条件表达式)
    语句块 A;
else
    语句块 B;
```

语句块 A 和语句块 B 中若有多条语句，必须用花括号{ }将其括起来。

3. switch 语句

switch 语句的语法格式如下：

```
switch(表达式){
    case 常量表达式 1: 语句序列 1; break;
    case 常量表达式 2: 语句序列 2; break;
    …
    case 常量表达式 n: 语句序列 n; break;
    default: 语句序列 n+1;
}
```

其中，每条 case 语句后面的 break 语句保证实现多选一。

### 3.1.3　循环结构

若要重复执行某些语句，需要用到循环结构。循环语句分当型循环和直到型循环，当型循环先判断条件，再执行循环体，因而循环体有可能一次也不执行；而直到型循环先执行循环体，再判断条件，因而循环体至少执行一次。

1. while 语句

while 语句的语法格式如下：

```
while(条件表达式)
    循环体;
```

当循环体不止一条语句时，必须用花括号{}将语句组括起来。

2. do…while 语句

do…while 语句的语法格式如下：

```
do{
  循环体;
}while(条件表达式);
```

其中，最后面的分号不可缺少。

3. for 语句

for 语句的语法格式如下：

```
for(表达式 1; 表达式 2; 表达式 3)
    循环体;
```

其中，for 后面的括号内必须含 3 个部分，用分号分隔，并且都可以是空表达式。同样，当循环体不止一条语句时，必须用花括号{}将语句组括起来。

4. 选择语句和循环语句的嵌套

选择语句、循环语句均可以自己嵌套，并且可以相互嵌套。嵌套时可以层层嵌套，但不可以交叉嵌套。

5. 控制执行顺序的语句

当需要改变正常语句的执行次序时，可使用控制执行顺序的语句。

（1）break 语句。break 语句只能用在 switch 和循环语句中，其作用是跳出 switch 或循环，执行 switch 或循环后面的语句。

（2）continue 语句。continue 语句只能用在循环语句中，其作用是结束本次循环，继续执行下次循环。

（3）goto 语句。goto 语句与标号配合使用，标号后用冒号分隔相应的语句，它可以转到标号所标示的某位置，因而破坏了程序的结构。

# 3.2 典型例题解析

【例 3.1】输入一个正整数，显示其所有因子。在此基础上，求出 1~100 的完全数。完全数是刚好等于它的因子(自己本身除外)之和的数。例如，6 的因子为 1，2，3，且 6=1+2+3，因此 6 是一个完全数。

【程序】

```cpp
#include <iostream.h>
void main( )
{
    int a, k, n=0;
    cin>>a;
    for(k=1; k<=a; k++)
        if(a%k==0){
            n++;
            cout<<k<<'\t';
        }
    cout<<a<<"共有"<<n<<"个因子";
    cout<<'\n';
}
```

【解析】对于整数 n，分别用 k=1，…，n 除 n，若余数为 0，则 k 是 n 的因子。

将上述程序进行修改，求出 1~100 的每个数的因子(自己本身除外)，并且求因子之和，即可判断是否为完全数。修改后的程序如下：

```cpp
#include <iostream.h>
void main( )
{
    int a, k, s;
    for(a=1; a<100; a++){
        s=0;
        for(k=1; k<a; k++)
            if(a%k==0)
                s+=k;
        if(a==s)cout<<a<<"是完全数\n";
    }
    cout<<'\n';
}
```

【例 3.2】编写程序求出两个整数的最大公约数和最小公倍数。

【解析】本题有多种解法，可以用穷举法求，设两数分别为 a、b(不妨设 a>b)，对最大公约数可以从 b 开始依次除 a 和 b，若余数均为 0，即为最大公约数，否则自减后继续。最小公倍数可以用类似的方法求，也可以由 a、b 及最大公约数求出。

源程序代码如下：

```cpp
#include <iostream.h>
void main( )
{
    int a, b;
    cin>>a>>b;
    for(int i=b; i>=1; i--)
        if(a%i==0&&b%i==0)break;
    cout<<a<<"和"<<b<<"的最大公约数为:"<<i<<'\n';
    cout<<a<<"和"<<b<<"的最小公倍数为:"<<a*b/i<<'\n';
}
```

本题还可以用辗转相除法求。设两数为 a、b(不妨设 a>b)，用辗转相除法求最大公约数的步骤如下：用 b 除 a，得 $a=bq+r_1 (0 \leq r_1 < b =$。若 $r_1=0$，则最大公约数为 b；若 $r_1 \neq 0$，则再用 $r_1$ 除 b，得 $b=r_1q+r_2 (0 \leq r_2 < r_1 =$；若 $r_2=0$，则最大公约数为 $r_1$；若 $r_2 \neq 0$，则继续用 $r_2$ 除 $r_1$。如此继续，直到能整除为止。其最后一个非零除数即为 a 和 b 的最大公约数。

【程序】

```cpp
#include <iostream.h>
void main( )
{
    int a, b, r;
    cout<<"请输入两个整数: ";
    cin>>a>>b;
    if(a<b){
        int c=a;  a=b;  b=c;
    }
    r=a%b;
    int x=a,y=b;
    while(r!=0){
        x=y;   y=r;
        r=x%y;
    }
```

```
    cout<<a<<"和"<<b<<"的最大公约数是: "<<y<<endl;
    cout<<a<<"和"<<b<<"的最小公倍数是: "<<a*b/y<<endl;
}
```

【例3.3】按十进制输入一个正整数，要求按逆序逐位输出。例如，输入 2345，则输出 5432。反复输入、计算、输出，直到输入 0 结束。若输入负值，指出输入错误并重新输入。

【解析】本题可用循环语句实现，每次循环都进行以下操作：

(1)输入一个正整数；

(2)判断是否为 0，是则结束；

(3)判断是否为负数，是则重新输入，转(1)；

(4)计算输入数的每一位并输出。

其中，(4)在计算输入数的每一位的过程中，由于不清楚该数有多少位，故需要用循环语句每次取一位，再运用除法运算去掉一位，直到输入是 0 为止。

【程序】

```
#include <iostream.h>
void main( )
{
    int a, b, r;
    cout<<"\n 请输入一个正整数:";
    cin>>a;
    while(a!=0){
        if(a>0){
            cout<<"该数的逆序为:\n";
            while(a){
                cout<<a%10;
                a/=10;
            }
        }
        cout<<"\n\n 请输入一个正整数:";
        cin>>a;
    }
}
```

【例3.4】编写一个四则运算计算器的模拟程序。要求输入一个操作数、一个运算符和另一个操作数，执行指定的算术运算，最后显示结果。当本次计算完成后，询问是否继续下一次计算，回答"y"或"n"后，继续计算或结束程序。

【解析】本题可采用 switch 语句选择进行何种算术运算。为了继续下一次计算，要用循环语句实现，结束条件为输入的值为"n"。

**【程序】**

```
#include <iostream.h>
void main( )
{
    float n1, n2, val;
    char oper, c;
    do{
        cout<<"\n 输入一个操作数、运算符、另一个操作数:";
        cin>>n1>>oper>>n2;
        if(oper!='+'&&oper!='-'&&oper!='*'&&oper!='/')
            cout<<"操作符错误! \n";
        else{
            switch(oper){
                case '+':val=n1+n2; break;
                case '-':val=n1-n2; break;
                case '*':val=n1*n2; break;
                case '/':val=n1/n2;
            }
            cout<<"答案是: "<<val<<"\n\n";
        }
        cout<<"\n 是否继续下一次计算(y/n)? ";
        cin>>c;
    }while(c!='n');
}
```

# 3.3　习　　题

**一、选择题**

1. 下列关于 switch 语句的描述正确的是_____。

A. switch 语句中的 default 子句只能放在最后

B. switch 语句的每个分支中必须有 break 语句

C. switch 语句中 case 后的常量表达式的值必须互不相同

D. switch 语句中 case 后面的表达式可以是整型的变量表达式

2. 下列表达中等价的是_____。

A. x=0 时，while(x==0)与 while(x)　　B. x=0 时，while(x!=x)与 while(x)

C. x=﹣1 时，while(x!=0)与 while(!x)　　D. x=5 时，while(x!=x)与 while(x)

3. 设有 "int x=1, y=2, z=3;"，下列描述错误的是_____。

A. if(x>3) if(y>5) else z=6; z=7;

B. if(x>=3) z=6; else z=7; else z=8;

C. if(x<3) for(z=6; z<9;z++); else z=7;

D. if(x<3) switch(z){case 1: z=6;} else z=7;

4. 语句"if(x);"中的条件表达式等价于_____。

A. x==0　　　　　　　B. x=1　　　　　　　C. x==-5　　　　　　D. x!=0

5. 下列关于 while 与 do…while 循环语句的叙述错误的是_____。

A. do…while 的循环体至少执行一次

B. while 的循环体可以是复合语句

C. do…while 的循环条件可以是 1

D. while 允许从循环体外跳转到循环体内

6. if 语句中若有 else，则与其配对的应是_____。

A. 与其垂直对齐的 if　　　　　　B. 在其后面最近的 if

C. 在其之前未配对的最近的 if　　　D. 在同一行中的 if

7. 设有"int x, a, b, c;"，下列 if 语句合法的是_____。

A. if(a==b)x++;　　　　　　　B. if(a<=b)x++;

C. if(a<>b)x++;　　　　　　　D. if(a>=b)x++;

8. 以下程序的功能是计算 s=1+1/2+1/3+…+1/10。

```
void main( )
{
    float s=0, n=10;        //1
    while(n>1)              //2
       s=s+1/n--;           //3
    cout <<s<<endl;         //4
}
```

运行后输出结果错误，导致错误的程序行是_____。

A. 1　　　　　　　B. 2　　　　　　　C. 3　　`　　　　D. 4

9. 以下选项中，含语法错误的是_____。

A. if(a>0);　　　　　　　　　B. int a=0, b=0, c=0;

C. while(b==0)m=1; break;　　　D. {;}

10. 执行以下程序段后，输出结果是_____。

```
int s1=0, s2=0, s3=0, s4=0;
for(int t=1; t<=4; t++)
    switch(t){
          case 4:  s1++; break;
        case 3:  s2++; break;
        case 2:  s3++;
```

```
        default: s4++;
    }
cout<<s1<<','<<s2<<','<<s3<<','<<s4<<'\n';
```

A. 语法错，编译不通过　　　　　B. 1, 1, 1, 2

C. 1, 2, 3, 2　　　　　　　　　D. 1, 1, 2, 2

11. 执行以下程序段后的输出结果为_____。

```
int i=3,j=2,y=1;
while(i&&j<y){
    cout<<i--<<',';
}
cout<<"y="<<(y-=i)<<'\n';
```

A. y=–1　　　B. 2, y=–1　　　C. 3, y=–2　　　D. y=–2

12. 设"int a=1, b=2, c=3, d=4;"，则条件表达式 a<b?a:c<d?c:d 的值为_____。

A. 1　　　　B. 2　　　　C. 3　　　　D. 4

13. 设有语句"for(int s=0, i=2; i<=6; i++) s+=i/2;"，执行该语句后，s 的值是_____。

A. 11　　　　B. 8　　　　C. 9　　　　D. 10

14. 设 k1 和 k3 是表达式，与语句"for(k1;;k3) s;"等价的语句是_____。

A. for(k1; 1; k3) s;　　　　　B. for(k1; k3; k3) s;

C. for(k1; 0; k3) s;　　　　　D. for(k1; k1; k3) s;

15. 执行以下程序后的输出结果为_____。

```
#include <iostream.h>
void main( )
{
    int a=100;
    for(char c=a; a<105; a++)
        cout<<c;
    cout<<'\n';
}
```

A. 100100100100100　　　　　B. 语法错误，不能执行

C. aaaaa　　　　　　　　　　D. ddddd

16. 若输入字符串 ABC，则下面程序段的输出结果是_____。

```
char c;
while(cin>>c, c!='\n')cout<<c+2;
```

A. 222　　　B. CDE　　　C. 676869　　　D. 333

17. 执行以下程序段后的输出结果为_____。

```
int k=2,m=3,s=5;
do{
    if((k+m)%s)continue;
    ++m; k--;
}while(k);
cout<<k<<','<<m<<','<<s<<'\n';
```

A. 5, 5, 5　　　B. 5, 5, 0　　　C. 5, 0, 5　　　D. 0, 5, 5

18. 下列关于 break 语句的描述正确的是_____。

A. break 语句可用于 for、while、if 语句，作用是退出这些语句

B. break 语句可用于 switch 语句中，作用是退出 switch 语句

C. break 语句在一个循环体中只能出现一次，用来退出循环语句

D. break 语句可在一个循环体中多次使用，用来多次退出循环语句

19. 语句 " for(x=0,y=0;(y!=321)&&(x<3);x+=2); " 中循环体执行的次数为_____。

A. 1 次　　　B. 2 次　　　C. 无限次　　　D. 不确定

20. for 语句 "for(int i=5; i=0; i−−)i−−;" 中循环体执行的次数为_____。

A. 0 次　　　B. 2 次　　　C. 3 次　　　D. 5 次

21. 与程序段 while(a) { if(!b) continue;c;}等价的是_____。

A. while(a) {if(b)c;}　　　　　B. while(a) {if(b) break;c;}

C. while(c) {if(b)c;}　　　　　D. while(c) {if(!b) break;c;}

22. 下列关于语句 "for(表达式1; 表达式2; 表达式3) 表达式4;" 的描述不正确的是_____。

A. 表达式 1 的作用是初始化

B. 表达式 4 是循环体，可以是空语句

C. 表达式 2 的作用为循环条件判断，不能是空语句

D. 改变循环变量的语句可以放在表达式 3 中

23. 下列程序段的运行结果为_____。

```
int x=2, y=8, z=20;
if(y<z) if(x!=4)
if(z)x=1; if(!z)x=-1;
else x=0;
cout<<x;
```

A. −1　　　B. 0　　　C. 1　　　D. 2

24. 执行以下程序段后的输出结果为 _____。

```
int k=2, m=5, s=1;
```

```
switch(k){
case 3:
case 2:
    do{
        if((k+m)%s)continue;
        ++m; k--;
    }while(k);
case 1:
    cout<<k<<','<<m<<','<<s<<'\n';
}
```

A. 2, 5, 1　　　　　B. 1, 6, 1　　　　　C. 0, 7, 1　　　　　D. 没有输出

25. 执行以下程序段后的输出结果为_____。

```
int k=2,m=5,s=1;
switch(k){
case 2:
    switch(m){
    case 1: if(m%s) break;
    case 2: ++m;k--;
    }
case 1:
    cout<<k<<','<<m<<','<<s<<'\n';
}
```

A. 2, 5, 1　　　　　B. 1, 6, 1　　　　　C. 0, 7, 1　　　　　D. 没有输出

26. 执行以下程序段，输出结果为_____。

```
int a=4,b=9;
for(; a<200; a+=3){
    if(b<=20) break;
    if(!b%2){ b++; continue;}
}
cout<<a<<b;
```

A. 40　　　　　　　B. 49　　　　　　　C. 19820　　　　　D. 19821

27. 以下程序段的输出结果是_____。

```
int i=1;
while(!(--i)){
    cout<<(i-=2);
```

```
}
```
A. 1　　　　　　B. 0　　　　　　C. -1　　　　　D. -2

28. 分析以下程序段的执行过程,若输入 ABCD,则其输出结果是_____。

```
char a,b,c,d;
cin>>a>>b>>c>>d;
if(a>0) c+=3;
if(a<b) d-=2;
else if(a==b) c='E';
else d+=1;
cout<<a<<b<<c<<d;
```

A. ABFB　　　　B. ABCD　　　　C. ABEB　　　　D. ABFD

29. 下列程序段的输出结果是_____。

```
int n='r';
switch(n++){
    default:cout<<"error"; break;
    case 's': case '7': case 't': case 'T': cout<<"student"; break;
    case 'r': case '4': cout<<"teacher";
    case '2': cout<<"all";
}
```

A. error　　　　　B. student　　　　C. teacher　　　　D. teacherall

30. 以下程序若输出值为 6,则从键盘上输入的值应该是_____。

```
int i=2,j=0,k;
cin>>k;
do{
    i+=j; j+=2;
}while(i!=k);
cout<<j;
```

A. 2　　　　　　B. 4　　　　　　C. 6　　　　　　D. 8

**二、填空题**

1. break 语句只能用在循环语句和_____语句中。

2. 在 switch(表达式)语句中,表达式只能是整型、_____或枚举类型。

3. 设有语句 "int i=1, s=1; for ( ; s+i<6, i<5; i++) s+=i;",for 循环语句循环体的执行次数为_____。

4. 有以下程序段:

```
#include <iostream.h>
```

```
void main(void)
{
     int y=122;
     for(int i=0; y; i++){
          a=y%8;  y=y/8;
          cout<<a<<endl;
     }
     cout<<"y="<<y<<'\n';
}
```

则程序输出的第 1 行是___①___，第 2 行是___②___，最后一行是___③___。

5. 执行以下程序段后的输出结果为_____。

```
int y=-3;
while(y++);cout<<y<<';';
y=2;
do{cout<<'*';y--;}while(!(y-1));
```

6. 执行以下程序段后的输出结果为_____。

```
int i=1,y=3;
while(i!=5){
     for(;;i++){
          if(i%5==0)break;
          else i++;
     }
     cout<<i<<',';
}
cout<<"y="<<(y-=11)<<'\n';
```

7. 执行以下程序段后的输出结果为_____。

```
int i=3,j=2,y=1;
while(i%j<=y){
     cout<<j++<<',';
}
cout<<"y="<<(y+=j)<<'\n';
```

8. 执行以下程序段后的输出结果为_____。

```
int i=3, j=2;
char c='A';
switch(c+=i%j){
```

```
        case 'A': i++;
        case 'B': j++;
        case 'C': i%=2; break;
        case 'D': j%=3; break;
    }
    cout<<j++<<','<<--i<<'\n';
```

9. 执行以下程序段后的输出结果为_____。

```
int i=3,j=2;
char c='A';
for(;c+=i%j;){
    i++;    j++;
    if(i%2) break;
}
cout<<j++<<','<<--i<<','<<c<<'\n';
```

10. 执行以下程序段后的输出结果为_____。

```
int i=2,j=3;
char c='1';
for(c+=i%j; ; ){
    i++;    j-=2;
    if(j%2!=2) break;
}
cout<<j++<<','<<--i<<','<<c<<'\n';
```

11. 执行以下程序段后的输出结果为_____。

```
int m=2,k=3;
char c='A';
do{
    c=c+m++%k--;
}while(m%5);
cout<<m<<','<<k<<','<<c<<'\n';
```

12. 执行以下程序段后的输出结果为_____。

```
int k=2,m=3,s=5;
do{
    s*=++m/k--;
}while(k);
cout<<k<<','<<m<<','<<s<<'\n';
```

13. 执行以下程序段，输出的第1行是___①___，第2行是___②___。

```
int n=6,m=6;
for(int i=0;i<2;i++)
    for(int j=0;j<3;j++)
        if(j>=i)n--;m--;
cout<<n<<'\n'<<m<<'\n';
```

14. 执行程序段，若从键盘输入 4，则其输出结果是_____。

```
int x;
cin>>x;
for(; x<5; x+=1)
    cout<<((!x%2)?"###":"***")<<'\n';
```

15. 执行以下程序段，输出结果的第1行为___①___，第3行为___②___。

```
for(int i=3;i<5;i+=1){
for(int j=1;j<i;j++)
    cout<<"@";
    for(int k=1;k<4;k++)
        cout<<((i%2)?"###":"***")<<'\n';
}
```

16. 执行以下程序段，输出结果为_____。

```
int i, c;
for(i=0; i<2; i++){
    c=0;
    for( ; ; ){
        cout<<c;
        c++;
        if(c==5) break;
    }
}
```

17. 若从键盘上输入 2，以下程序段的输出结果为_____。

```
int i;
cin>>i;
for(int s=i+1, t=0; t<5; s++){
    for(int j=2; j<s; j++)
        if(s%j==0) break;
        if(j==s){
```

```
            cout<<s;
            t++;
        }
}
```

18. 执行以下程序段，输出结果为_____。

```
int i=0,j=1,k=1;
switch(i){
    case 1:   if(j!=0) k+=1;
              else k-=1;
              break;
    case 2:  k+=2; break;
    default: k+=2;
}
cout<<k;
```

19. 以下是用二分法求解方程 $3x^3 - 5x + 13 = 0$ 根的程序，请将该程序补充完整。

```
#include<iostream.h>
#include <math.h>
void main( )
{
    double x1,x2,y1,y2,x,y;
    do{
        cout<<"输入根的范围:";
        cin>>x1>>x2;
        y1=3*x1*x1*x1-5*x1+13;
        y2=3*x2*x2*x2-5*x2+13;
    }while(   ①   );          //x1 和 x2 之间没有实根
    while(fabs(x1-x2)>1.0e-6){
        x=(x1+x2)/2;
        y=2*x*x*x-5*x+13;
        if(y*y1>0)   ②   ;
        else   ③   ;
    }
    cout<<"方程的根为:"<<x<<'\n';
}
```

20. 以下程序的功能是求出所有三位整数中各个数位的数字之和等于 5 的整数，请完善程序。

```cpp
#include<iostream.h>
void main( )
{
    int n,a,b,c;
    for(n=100;___①___;n++){
        a=n%10;
        ___②___;
        c=n/100;
        if(___③___)cout<<n<<'\t';
    }
    cout<<'\n';
}
```

21. 下列程序的第 1 行输出为___①___，第 2 行输出为___②___。

```cpp
#include<iostream.h>
void main( )
{
    int i=1,j=1;
    for(;j<10;){
        if(j++>5){
            i+=2; continue;          }
        if(j%2!=0){ j+=2; break;          }
        cout<<i<<'\t'<<j<<'\n';
    }
    cout<<i<<'\t'<<j<<'\n';
}
```

22. 百钱买百鸡问题：用 100 元钱买 100 只鸡，已知公鸡每只 5 元，母鸡每只 3 元，小鸡每 3 只 1 元，问公鸡、母鸡和小鸡各买多少只？下列程序实现该问题的求解，请完善程序。

```cpp
#include<iostream.h>
void main( )
{
    int cock,hen,chicken;
    for(cock=1;cock<=15;cock++)
        for(hen=1;hen<=31;hen++)
            if((5*cock+3*hen+(100-cock-hen)/3==100)&&(_____)
                cout<<cock<<'\t'<<hen<<'\t'<<(100-cock-hen)<<'\n';
}
```

23. 下列程序实现计算 e 的近似值的功能，请完善程序。已知 e 值的计算公式为

$$e=1+1/1!+1/2!+1/3!+\cdots+1/(n-1)!+\cdots$$

```cpp
#include<iostream.h>
void main( )
{
    double eps=0.1e-10;
    int n=1;
    float e=1.0,r=1.0;
    do{
        e+=r;
        ___①___ ;
        r/=n;
    }while( ___②___ );
    cout<<"e 的近似值为:"<<e<<endl;
}
```

24. 以下程序用来求出 1000 以内的全部素数，请完善程序。

```cpp
#include<iostream.h>
void main( )
{
    int m=1000;
    int i,j,isprime;
    for(i=2;i<=m;i++){
        ___①___ ;
        for(j=i-1;___②___;j--)
            if(i%j==0)isprime=0;
            if(isprime)cout<<i<<',';
    }
}
```

25. 下列程序用于实现计算半径为 1~10 且面积小于 100 的圆面积，请完善程序。

```cpp
#include<iostream.h>
void main( )
{
    float pi=3.14,area;
    for( ___①___ ;_r<=10;r++){
        area=pi*r*r;
        if(area>100) ___②___ ;
```

```
        cout<<"半径为"<<r<<"的圆面积是"<<area<<'\n';
    }
    cout<<"半径为"<<r<<"的圆面积超过100"<<endl;
}
```

26. 以下是计算级数 s=1+1/3+1/5+1/7+⋯的前100项之和的程序，请完善程序。

```
#include<iostream.h>
void main( )
{
    float sum=0;
    for(int x=1;   ①   ;x++){
        if(   ②   )continue;
        sum+=1.0/x;
    }
    cout<<sum<<'\n';
}
```

27. 以下程序统计从键盘上输入的一串字符中所包含英文字母的个数(以空格结束输入)，请完善该程序。

```
#include<iostream.h>
void main( )
{
    int n=0;
    char c;
    c=cin.get();
    while(   ①   ){
        if(   ②   ) n++;
           ③   ;
    }
    cout<<n;
}
```

28. 下列程序用于求 1+(1+2)+(1+2+3)+⋯+(1+2+3+⋯+10)的值，请将程序补充完整。

```
#include<iostream.h>
void main( )
{
    int i, t=1,   ①   ;
    for(i=1;i<=10;i++){
```

```
            ②    ;
        s+=t;
    }
    cout<<s;
}
```

29. 下列程序用于计算一个正整数的各位数字之和与各位数字之积，请完善程序。

```
#include<iostream.h>
void main( )
{
    int n,s1=0,    ①    ;
    cin>>n;
    while(    ②    ){
           ③    ;
        s2*=n%10;
        n/=10;
    }
    cout<<s1<<'\n'<<s2<<'\n';
}
```

30. 下列程序用于实现在一个正整数的各位数字中找出最小值，请将程序补充完整。

```
#include<iostream.h>
void main( )
{
    int n,min,s;
    min=    ①    ;
    cin>>n;
    do{
        s=n%10;
        if(    ②    )min=s;
           ③    ;
    }while(n);
    cout<<min;
}
```

### 三、编程题

1. 编写程序，输入 3 个整数，将它们按照由大到小的顺序输出。
2. 求出 100~300 的所有平方被 6 除余数为 3 的奇数。
3. 编写程序实现输入一个十进制整数，显示为十六进制的逆序形式。要求不能用 hex

控制符，并且要求输出十六进制中相应的字符。

# 3.4 实验内容与指导

【实验目的】

1. 掌握关系表达式和逻辑表达式的使用。
2. 熟悉选择结构和循环结构的程序设计方法。
3. 掌握 break 和 continue 语句的使用。
4. 练习调试与修改程序。

【实验内容】

1. 改错题

要求：改错时，可以修改语句中的一部分内容，调整语句次序，增加少量的变量说明、函数原型说明或编译预处理命令，但不能增加其他语句，也不能删除整条语句。

以下程序的功能是：查找 10~1000 的回文数。所谓回文数是左右对称的数，即从左向右和从右向左读是相同的数。

程序运行结果是 count=99。

含有错误的源程序如下：

```cpp
#include<iostream.h>
void main( )
{
    int i,j,k,count;
    cout<<"The result:\n";
    for(int s=11;s<1000;s++){
        i=s/100;
        j= s%10/10;
        k=s%10;
        if(i==0&&j==k||i!=0&&i==j){
            cout<<s<<'\t';
            count++;
            if(count%8==0)cout<<endl;
        }
    }
    cout<<"count="<<count<<endl;
}
```

2. 设有函数 $y = \begin{cases} 1 & x > 0 \\ 0 & x = 0 \\ -1 & x < 0 \end{cases}$，编程实现对于任意给定的自变量 x，求 y 的值。

3. 分别用 for、while 和 do…while 语句编写程序，求 5~20（包括 20）中所有偶数的和。

4. 编写程序，求满足如下条件的最大的 n。

$$12+22+32+\cdots+n2\leqslant1000$$

5. 利用牛顿迭代法求方程 $3x^3-2x^2-5=0$ 在 1 附近的根，要求精确到 $10^{-5}$。已知牛顿迭代公式为 $x=x-f(x)/f'(x)$。

**【实验指导】**

1. 改错题提示略。

2. 本题用 if…else 语句分情况判断即可。

3. 注意不同循环语句使用时变量的初始值以及循环条件的区别。

4. 本题需要利用循环语句进行设计。可以用 i 做循环变量，初始值为 1，变量 s 用来存放和值，初始值为 0。每次将 i×10+2 加到和上，循环条件设为 s≤1000。

5. 牛顿迭代法又叫牛顿切线法，主要用于求方程的近似解。

设 r 是 $f(x)=0$ 的根，取 x0 作为 r 的初始近似值，过点 (x0,f(x0)) 作曲线 $y=f(x)$ 的切线 L，L 的方程为 $y=f(x0)+f'(x0)(x-x0)$，求出 L 与 x 轴交点的横坐标 $x1=x0-f(x0)/f'(x0)$，称 x1 为 r 的一次近似值。过点 (x1,f(x1)) 作曲线 $y=f(x)$ 的切线，并求该切线与 x 轴的横坐标 $x2=x1-f(x1)/f'(x1)$，称 x2 为 r 的二次近似值。重复以上过程，得到 r 的近似值序列，其中 $x(n+1)=x(n)-f(x(n))/f'(x(n))$，称为 r 的 n+1 次近似值，上式称为牛顿迭代公式。

本题可以用变量 x0 和 x1 分别表示 x(n) 和 x(n+1)，用变量 y0 和 y1 分别表示 f(x(n)) 和 f'(x(n))，循环条件设为 $fabs(x1-x0)>1.0\times10^{-5}$。

# 第4章 数　　组

## 4.1　知识点概要

### 4.1.1　一维数组与多维数组

1. 定义一维数组

一维数组的定义格式如下：

数据类型　数组名[数组大小]；

其中，数组大小必须是大于 0 的整型常量表达式。

2. 一维数组初始化

以集合的形式给出所有或部分元素值，此时可省略数组大小，而由元素的个数确定。

3. 一维数组的使用

通过循环语句操作数组元素，实现数组的使用，循环控制变量通常与元素位置相关。使用一维数组元素的基本格式如下：

数组名[元素位置]

其中，元素位置通常是大于等于 0 的整型变量或常量表达式。

4. 二维数组定义格式

二维数组的定义格式如下：

数据类型　数组名[数组行数][数组列数]；

5. 二维数组初始化

(1)以行为单位，列出所有元素或部分元素值。

(2)按元素的排列顺序列出全部或部分元素值。

二维数组初始化时，可省略二维数组的行数，但不能省略其列数。

6. 二维数组的使用

通过两层嵌套的循环语句操作数组元素，外循环与内循环配合，分别控制行和列。使用二维数组元素的基本格式如下：

数组名[行位置][列位置]

二维数组与一维数组有许多相似之处，如数组和元素下标的要求；初始化时，未列出值的元素其值为 0，列表中的数据个数不能大于数组大小等。

### 4.1.2　字符数组与字符串

1. 字符数组的概念

字符数组是特殊的一维数组，每个元素皆为字符；其使用既遵循一维数组的基本方法，又表现出特殊性。

2. 字符数组初始化

通常用字符串进行初始化，字符串既可以放在列表中，也可以不放在列表中。

3. 字符数组的使用

(1)用循环语句遍历时，通常以字符串结束标记作为循环结束条件。

(2)整体输入"cin>>字符数组名;"或"cin.getline(字符数组名，数组大小)"。

(3)整体输出"cout<<字符数组名;"。

4. 字符串处理函数

(1)字符串复制函数"strcpy(字符数组名 1, 字符数组名 2)"可实现将数组 2 复制给数组 1。

(2)字符串拼接函数"strcat(字符数组名 1, 字符数组名 2)"可实现将数组 2 拼接在数组 1 的后面。

(3)字符串比较函数"strcmp(字符数组名 1, 字符数组名 2)"可实现当数组 1 和数组 2 相同时，返回 0；当数组 1 大于数组 2 时，返回 1；当数组 1 小于数组 2 时，返回–1。

(4)求字符串长度函数 strlen(字符数组名)，求数组中有效元素的个数。

使用上述库函数时，必须包含头文件 string.h；strcpy 和 strcat 返回字符数组，strcmp 和 strlen 返回整数。注意数组大小和字符串结束标记。

### 4.1.3 数组与指针

1. 指针运算

(1)赋值运算：对指针 p 赋值是改变指针所指的位置，对*p 赋值是改变指针所指内存空间的内容。

(2)算术运算：指针加(减)一个整数表示指针后(前)移整数个存储单元，两指针相减表示其相隔的存储单元数。

(3)关系运算：比较指针所指的位置，关系成立为 1，否则为 0。

(4)逻辑运算：指针悬空，值是 0，为逻辑假(false)；否则为逻辑真(true)。

指针运算时，一定要明确所指的位置，分清是对指针本身操作，还是对指针所指的内存空间操作。

2. 一维数组(a)与指针(p)

(1)当指针变量指向首元素时，可以用指针变量名代替数组名，p[i]即 a[i]。

(2)当指针变量指向下标为 j 的元素(p=&a[j])时，p[i]即 a[i+j]。

(3)如果指针 p 指向数组中的某个元素，通过指针运算(*p)可得到该元素的值。

3. 二维数组(b，m 行 n 列)与指针

(1)元素指针(p1)：可指向二维数组各元素，当指向首元素(p1=&b[0][0])时，b[i][j]即 p1[i*n+j]，或 p1[k]即 b[k/n][k%n]。

(2)行指针(p2)：可指向二维数组各行，定义格式为"数据类型(*p2)[n];"；当指向首行(p2=b)时，p2 [i][j]、*(*(p2+i) +j)即 b[i][j]。

4. 字符数组(s)与指针(ps)

除了一维数组与指针的基本方法外，特殊性有以下几点。

(1)字符型指针变量指向字符串，如"char *ps="string";"。

(2)直接引用字符型指针变量所指的数组，如"cout<<ps<<endl;"。

5. 指针数组

各元素为指针变量的数组，定义格式为"数据类型 *数组名[数组大小];"，如"int *p[5];"定义了一个具有 5 个元素的指针数组，可存储 5 个地址。

# 4.2　典型例题解析

【例 4.1】下列数组的定义正确的是_____。

A. int size=10,arr[size];　　　　　　　B. const float n=10; char str[n];

C. double d1[100/3],d2['n'];　　　　　D. int num[][10];

【答案】C

【解析】定义数组时数组大小必须确定，且通常为大于 0 的整型常量表达式。A 选项中的 size 为变量，B 选项中的 n 为实型常量，D 选项中数组大小不确定，所以 A、B、D 选项都不符合要求。C 选项中数组 d1 的大小为 33，d2 的大小为 110，字符常量 n 在编译时会自动转换为整数，其值为字符的 ASCII 码值。

【例 4.2】下列数组的初始化正确的是_____。

A. char s1[ ]= "abced",s2[ ]={"12345"};

B. char s3[]={'a','b','c','d','e'},s4[10]={97,98,99,100,101};

C. char s[5]="abced"; int b[2][] ={{1,2},{3,4,5}};

D. int b1[][5]={1,2,3,4,5},b2[][5]={{1,2},{3,4,5}};

【答案】C

【解析】定义数组时，若初始化，可省略数组大小，由所给数据个数确定数组大小，如 s1 和 s2 有 6 个元素(字符串隐含字符串结束标记)，s3 有 5 个元素，b1 有 1 行，b2 有 2 行。字符数组通常用字符串进行初始化，有两种形式，如 A 选项所示；字符数组也可以用普通一维数组的方法初始化，如 B 选项所示；初始化二维数组时，可以分行，也可以不分行，如 D 选项所示。

注意两点：①初始化的数据可以比数组中的元素少(如 s4)，但不能多，例如，用来初始化 s 的字符串有 6 个字符，而 s 只有 5 个元素，所以出错；②初始化二维数组时，可省略行，但不能省略列；因为省略列时，无法确定数组的大小，如数组 b 的定义。

【例 4.3】下列数组使用正确的是_____。

A. int a[10]; cin>>a; cout<<a;

B. char s1[100]; cin>>s1; cout<<s1;

C. char s2[10]; s2="abcde";

D. float b[10]; cin>>b[10]; cout<<b[10];

【答案】B

【解析】通常只能操作数组的元素，而不能把数组作为整体操作，但作为特殊数组的字符数组，可以整体输入和输出(如 B 选项)。A 选项中的"cin>>a;"存在语法错误，而"cout<<a;"虽然没有语法错误，但输出的是数组 a 的首地址，而不是数组 a。字符数组除了整体输入和输出外，不能用运算符进行赋值(C 选项)、比较等其他操作，但可以用字符串处理函数操作，如"strcpy(s2,"abcde")"。D 选项虽然不存在语法错误，但操作的不是数组 b，而是数组 b 中的越界元素，注意数组和数组元素的区别。

【例 4.4】设有说明语句"char s[10]="12345", *ps=s;"，则下列选项正确的是_____。

A. s++, ps++;

B. (*s)++, (*p s)++;

C. s="abcde", ps="abcde";

D. *s="abcde", *ps="abcde";

【答案】B

【解析】通过指针操作数组时，一定要分清是对数组(指针变量)还是对数组元素(*指针变量)操作；当指针变量(简称指针)指向数组首元素时，指针可以代表数组，数组与指针的区别即常量与等值变量的区别，数组能进行的操作指针也能进行，但指针能进行的操作数组不一定能进行。A 选项中的 ps 指向下一个元素，但 s 是常量，其值不能被改变；B 选项是改变首元素的值，即 s[0]由 1 变为 2；C 选项中的 ps 重新指向一个地方，但 s 不能；D 选项中的*s 和*ps 都是 s[0]，只能是一个字符，而不能是一个字符串。

【例 4.5】下列程序段的输出结果是_____。

```
char p_l[][5]={"VC++","Java","VB","VFP"};
char *p_p[5]={p_l[0], p_l[1], p_l[2], p_l[3]};
cout<<p_p[1]<<','<<*p_p[1]<<endl;
```

A. J, Java　　　　B. Java, J　　　　C. 某地址, J　　　　D. 某地址, Java

【答案】B

【解析】指针数组 p_p 中保存了二维字符数组 p_l 每行元素的首地址，如 p_p[1]为第二行 Java 的第一个元素 J 的地址，即指针变量 p_p[1]指向了字符串 Java 中的元素 J，所以*p_p[1]为字符 J。同时，输出指向字符串或字符数组的指针变量时，将输出其所指向的字符串或字符数组，而不是地址。这是字符数组与其他数组非常重要的区别。

【例 4.6】分析下列程序，写出程序运行结果。

```
#include<iostream.h>
void main( )
{
    double b[]={5.6,7.8,3.4,6.5,2.1,9.8,1.7,8.6},t;
    int n=sizeof(b)/sizeof(double),i,j;        //A
    for(i=0;i<n-1;i++)                         //B
```

```
        for(j=0;j<n-i-1;j++)                    //C
            if(b[j]>b[j+1])
                t=b[j],b[j]=b[j+1],b[j+1]=t;
    for(i=0;i<n;i++){
        cout<<b[i]<<'\t';
        if((i+1)%5==0)cout<<endl;               //D
    }
    cout<<endl;
}
```

以上程序的输出结果是_____①_____，_____②_____。

【答案】①1.7    2.1    3.4    5.6    6.5    ②7.8    8.6    9.8

【解析】本题为冒泡排序，其升序算法如下：

(1)扫描整个数组，两两比较相邻元素，若为降序则交换；

(2)第一趟排序后，最大元素被沉到最后；第二趟排序后，次大元素被沉到倒数第二的位置；

(3)以此类推，对 n 个元素的数组共进行 n−1 趟排序。

A 行求得的 n 为数组大小(元素个数，整个数组所占内存/每个元素所占内存)，还可写成 n=sizeof(b)/sizeof(b[0])、n=sizeof(b)/8 等形式；B 行进行 n−1 趟排序；C 行是对每趟排序两两比较相邻元素；D 行实现按每行 5 个元素输出。某趟排序时，可能有多个记录被交换到最终位置，下一趟排序时，可不必再对其处理；所以可定义变量 exchange，记录一趟排序中最后一次交换发生的位置，下一趟排序到此为止，以提高排序效率。改进后的程序如下：

```
#include<iostream.h>
void main( )                        //改进算法
{
    double b[]={5.6,7.8,3.4,6.5,2.1,9.8,1.7,8.6},t;
    int n=sizeof(b)/sizeof(double),i,j;
    int exchange=n-1;                       //每趟排序的终止位置
    while(exchange){
        i=exchange, exchange=0;
        for(j=0;j<i;j++)
            if(b[j]>b[j+1]){
                t=b[j],b[j]=b[j+1],b[j+1]=t;
                exchange=j;                 //记录交换发生的位置
            }
    }
    for(i=0;i<n;i++){
        cout<<b[i]<<'\t';
```

```
        if((i+1)%5==0)cout<<endl;
    }
    cout<<endl;
}
```

【例 4.7】分析下列程序，写出程序运行结果。

```
# include <iostream.h>
void main(void)
{
    char str[80]="visual",min=str[0];
    for(int i=0,j=0;str[i];i++)              //A
        if(str[i]<min){
            min=str[i];
            j=i;
        }
    while(j>0){                              //B
        str[j]=str[j-1];
        j--;
    }
    str[j]=min;                              //C
    cout<<str<<'\n';                         //D
    cout<<*str<<'\n';                        //E
}
```

以上程序的输出结果如下：

　　　　①_____

　　　　②_____

【答案】①avisul　　②a

【解析】本题考察字符数组的元素移动。A 行循环找到最小元素（其 ASCII 值最小）及其位置，min 保存最小字符，j 保存最小字符的位置；B 行循环将最小字符前的所有字符顺序后移一位；C 行将最小字符作为字符数组的第一个字符（str[0]）；D 行是输出字符数组，E 行实现输出第一个元素，*str 即 str[0]。

【例 4.8】设计一个程序，求三维空间中距离最近的点对。如对于以下 5 个点，其中第 2 个点和第 3 个点的距离最近，程序运行时输出"p2(3, 3, 3) 和 p3(2, 2, 2) 距离最近，为 1.73205"。

| 编号 | 1 | 2 | 3 | 4 | 5 |
|---|---|---|---|---|---|
| X 坐标 | 0 | 3 | 2 | 2 | 3 |
| Y 坐标 | 0 | 3 | 2 | 3 | 5 |
| Z 坐标 | 1 | 3 | 2 | 6 | 4 |

【程序】

```
#include<iostream.h>
#include<math.h>
#define N 5
void main( )
{
    int p[3][N]={{0,3,2,2,3},{0,3,2,3,5},{1,3,2,6,4}};
    int dmin=10000,d,dx,dy,dz,index1,index2;//设最近距离的平方不超过10000
    for(int i=0;i<N-1;i++)
        for(int j=i+1;j<N;j++){
            dx=p[0][i]-p[0][j];
            dy=p[1][i]-p[1][j];
            dz=p[2][i]-p[2][j];
            d=dx*dx+dy*dy+dz*dz;
            if(d<dmin){
                dmin=d;
                index1=i;
                index2=j;
            }
        }
    cout<<"p"<<index1+1<<'('<<p[0][index1]<<','<<p[1][index1]<<','<<p[2]
[index1]<<")和p"<<index2+1<<'('<<p[0][index2]<<','<<p[1][index2]<<','<<p[2]
[index2]<<")距离最近，为"<<sqrt(dmin)<<endl;
}
```

【解析】把三维空间的 N 个点的坐标保存于 3 行 N 列的二维数组中，每列存储一个点的坐标，第一行保存 X 轴坐标，第二行保存 Y 轴坐标，最后一行保存 Z 轴坐标。通过穷举法求出各点之间的距离，得到最近距离及其编号(列数+1)。本题算法描述如下：

(1)求点 1 到点 2、点 3、…、点 N 的距离；

(2)求点 2 到点 3、点 4、…、点 N 的距离；

以此类推，一直到求点 N－1 到点 N 的距离。

【例 4.9】以下程序是把数组中的最小值放到 b[0]中，最大值放到 b[1]中，然后把次小值放到 b[2]中，次大值放到 b[3]中，以此类推，直至将数组中的数据处理完毕。例如，原数组为 5，1，3，2，9，7，6，8，4，处理后的数组为 1，9，2，8，3，7，4，6，5。请在空格处补充适当的语句，使其能正确执行。

```
#include <iostream.h>
#define N 9
```

```
void main(void)
{
    int b[N]={5,1,3,2,9,7,6,8,4};
    cout<<"数组中的数据依次为:"<<endl;
    for(int i=0; i<N; i++)
        cout<<b[i]<<'\t';
    cout<<endl;
    int max, min, *pmax, *pmin, t;
    for(int *p1=b; p1<b+N-1; ___①___) {        //A
        max=min=*p1;
        pmax=pmin=p1;
        for(int *p2=p1+1; p2<b+N; p2++){       //B
            if(max<*p2){
                max=*p2;
                pmax=p2;
            }
            if(min>*p2){
                min=*p2;
                pmin=p2;
            }
        }
        if(pmin!=p1){                          //C
            t=*p1;
            *p1=min;
            ___②___;
            if(pmax==p1) pmax=pmin;
        }
        if(___③___){                           //D
            t=*(p1+1);
            *(p1+1)=max;
            *pmax=t;
        }
    }
    cout<<"处理后数组中的数据依次为:"<<endl;
    for(p1=b; ___④___; p1++)
        cout<<*p1<<'\t';
    cout<<endl;
```

```
}
```

【答案】①p1+=2    ②*pmin=t    ③pmax!=(p1+1)    ④p1<b+N

【解析】通过指针引用数组的关键是清楚指针如何移动、指向何处。如 A 行通过指针 p1 遍历数组，每次循环处理两个元素（当前的最大值和最小值），所以 p1+=2；循环到倒数第二个元素为止，所以循环条件为 p1<b+N－1。B 行要通过指针 p2 遍历 p1 后的所有元素（p2++），查找当前的最大值和最小值，所以 p2 从 p1+1 开始，到最后一个元素为止（p2<b+N）。C 行将 p1 所指的元素与最小元素交换，D 行把 p1 所指的下一个元素与最大元素交换。

【例 4.10】以下程序实现在字符串 str 中删除或添加一个指定的字符。若指定字符 c 出现在 str 中，则从 str 中删除第 1 个值为 c 的字符；否则把字符 c 添加到 str 的尾部。如当 str 为 "What is your name?" 时，若输入字符 a，则 str 变为 "Wht is your name?"；若输入字符 b，则 str 变为 "What is your name?b"。请在空格处填上适当的语句，使其能正确运行。

```
#include<iostream.h>
void main(void)
{
    char str[80], c;
    cout<<"输入字符串 str: ";
    _____①_____ ;
    cout<<"输入要查找的字符 c: ";
    cin>>c;
    char *p=str,*p1;
    while(*p)                    //A
        if(*p++==c)break;        //B
    if(*p==0)  {                 //C
        *p++=c;
        ____②____ ;             //D
    }
    else{                        //E
        p1=p-1;
        while(*p)____③____ ;    //F
        *p1=0;                   //G
    }
    cout<<____④____<<'\n';
}
```

【答案】①cin.getline(str, 80)    ②*p=0    ③*p1++=*p++    ④str

【解析】输入字符数组可以用 cin 和 cin.getline。对 cin 语句来说，空格字符是数据的分隔符，所以本程序只能用 cin.getline 进行输入，使用时需注意其格式。A 行的循环用来查找字符 c 是否出现在数组 str 中，方法是通过指针 p 遍历数组，通常把字符串结束标记作为循环条件。若在 str 中找到了 c(B 行条件满足)，则 p 停留在第一个值为 c 的字符后面，若没有找到，当 p 指向结束标记时(A 行条件为 0)循环结束。C 行是在没有找到的情况下(p 指向结束标记)，把字符 c 添加到结尾处。D 行是在找到的情况下，删除 str 中的第一个 c。开始删除时，p1 指向要删除的字符，p 指向其后的字符；通过 F 行的循环语句使 p 所指向的字符依次前移一位。使用字符数组时，要特别注意字符串结束标记。若没有 D 行，str 将丢失结束标记，进而引起内存错误；若没有 G 行，则不会把因移动而多出来的字符删除。

【例 4.11】以下程序的功能是：从键盘输入一行字符串，将其中连续的数字作为一个整数(整数前的"+"和"−"分别表示正整数和负整数)依次取出，并存放到整型数组中。如输入字符串"sf −123ab c+456 df789 000"时，则输出"−123 456 789 0"。请在空白处填上适当的语句，使其能正确运行。

```
#include<iostream.h>
void main( )
{
    char str[400],*p=str;
    int a[20],count,flag,*pn=a;
    cout<<"请输入一个含有数字的字符串：\n";
    cin. getline(str,400);
    while(*p)  {
        flag=1;              //flag=1 为正整数,flag=-1 为负整数
        while((*p<'0'||*p>'9')&&_____①_____)p++;      //A
        if(*p=='-') {                                    //B
            flag=-1;
            p++;
        }
        else if(*p=='+')p++;                             //C
        if(*p>='0'&&*p<='9') {                           //D
            int num=0;
            while(*p>='0'&&*p<='9') {                    //E
                num=_____②_____;                      //F
                p++;
            }
            *pn++=_____③_____;                        //G
        }
    }
```

```
count=_____④_____;                                      //H
cout<<"输入字符串中共有"<<count<<"个整数,它们分别是: \n";
for(int i=0;i<count;i++){
    cout<<a[i]<<'\t';
    if((i+1)%4==0)cout<<'\n';
}
cout<<endl;
}
```

【答案】①*p!=' - '&&*p!='+'　　②num*10+*p - '0'
　　　　③num*flag　　　④pn - a

【解析】A 行使 p 停留在数字字符或 "+"、"–" 处。B 行~C 行的作用是,若 p 指向的是 "+" 或 "–",在设置整数符号的同时跳过 "+" 或 "–"。当 p 指向的是数字字符(D 行)时,则通过 E 行的循环取出连续的数字字符,并作为整数中的一位。此时主要涉及两个问题(F 行):①把数字字符转换成对应的整数,方法是数字字符–'0',如把字符 1 转换成整数 1 的方法是'1'-'0';②前面取出的整数要进位,即已经取出 1,再取出 2 时,应该是 1×10+2,而不是 1+2。E 行循环取出的整数是不包含符号的,G 行加上符号后,放入整型数组 a 中,即指针 pn 所指的位置,然后 pn 指向下一个元素。取出的整数(放入数组 a 中的元素)个数,即指针 pn 与地址 a(&a[0])之差。

【例 4.12】以下程序的功能是:采用选择排序法把系列字符串按字母顺序进行升序排列。如把{"Sunday","Monday","Tuesday","Wednesday","Thursday","Friday","Saturday"}排列为{"Friday","Monday","Saturday","Sunday","Thursday","Tuesday","Wednesday"}。请在空白处填上适当的语句,使其能正确运行。

```
#include<iostream.h>
#include<string.h>
void main( )
{
    char week[7][10]={"Sun","Mon","Tues","Wednes","Thurs","Fri","Satur"};
    char _____①_____,*t;
    int i,j;
    for(i=0;i<7;i++)
        p[i]=week[i];        //A
    for(i=0;i<6;i++){
        for(j=i+1;j<7;j++)
            if(_____②_____){
                t=p[i];
                p[i]=p[j];
                p[j]=t;
```

```
            }
        }
        cout<<"原字符串序列为：\n";
        for(i=0;i<7;i++)
            cout<<    ③    <<endl;
        cout<<"排序后的字符串序列为：\n";
        for(i=0;i<7;i++)
            cout<<    ④    <<endl;
    }
```

【答案】①*p[7]                    ②strcmp(p[i],p[j])>0
        ③week[i]                    ④p[i]

【解析】二维字符数组的每行都是一个一维字符数组，用二维字符数组存放系列字符串时，每行存放一个字符串。根据 A 行可确定第一空应填数组 p 的定义，且 p 为指针数组；因为 week[i]为二维数组各行元素的首地址。对数组 p 排序时，如果前面的元素大于后面的元素，则交换它们。第二空不能填"p[i]>p[j]"，因为 p[i]和 p[j]是指针变量，用">"比较的是它们所指位置的前后，要比较它们所指的内容（数组 week 中的字符串大小），应用字符串比较函数。该程序调整的是指针数组 p 中各元素所指的位置，如图 4-1 所示。

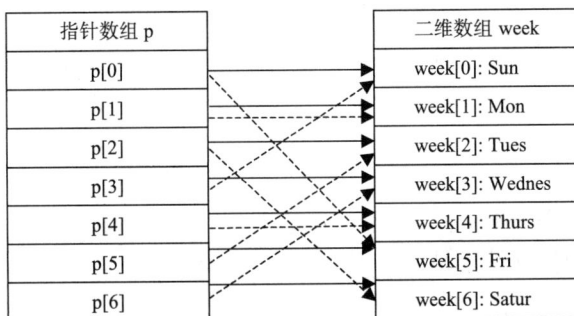

图 4-1　二维字符数组排序

图 4-1 中的实线表示原来所指位置，虚线表示排序后所指位置。排序前后，二维数组中的元素并没有发生变化，所以第三空仍可用 week[i]表示原有各字符串，第四空用 p[i]表示排序后各字符串。若改变二维数组 week 中的内容，在排序时不应交换 p[i]和 p[j]所指位置，而应交换 p[i]和 p[j]所指内容，即使用语句"strcpy(t,p[i])，strcpy(p[i],p[j])，strcpy(p[j],t)；"。此时，指针 t 首先应指向适当的内存空间，如临时一维字符数组。

# 4.3  习    题

一、选择题

1. 设有说明语句"int a[5]={1, 2, 3, 4, 5},b[5]; char c[5]="abcd", d[5];"，则下列数组

赋值语句正确的是_____。

    A. b=a;　　　　　　B. b[5]=a[5];　　　　C. strcpy(b, a);　　　　　　D. strcpy(d, c);

2. 下列存在语法错误的二维数组说明语句是_____。

    A. int a[][3]={3, 2, 1, 1, 2, 3};　　　　　　B. int a[][3]={{3, 2, 1}, {1, 2, 3}};

    C. im a[2][3]={1};　　　　　　　　　　　D. int a[2][]={{3, 2, 1}, {1, 2, 3}};

3. 下列不存在语法错误的字符数组说明语句是_____。

    A. char sl[3]={"a","b","c"};　　　　　　B. char s2[3]={'a','b'};

    C. char s3[]={'C++'};　　　　　　　　　D. char s4[3]={"C++"};

4. 设有说明语句 "int b[10], *p1=b, *p2=p1++;"，则下列说法正确的是_____。

    A. p1[i]与 b[i]表示同一个元素

    B. p2[i]与 b[i]表示同一个元素

    C. p1[i]与 p2[i]表示同一个元素

    D. 执行 "p1=b++;" 后，p1[i+1]与 b[i]表示同一个元素

5. 设有说明语句 "char s[20]="Program", * p=s;"，则以下选项中相同或值相等的是_____。

    A. sizeof(s)与 strlen(p)　　　　　　　B. strlen(s)与 strlen(p)

    C. sizeof(s)与 sizeof(p)　　　　　　　D. 数组 s 与指针 p 中保存的内容

6. 下列程序段的执行结果是_____。

```
char c[ ]={ "abcde" };
int a[5]={0};
c[2]=a[2];
cout<<c<<endl;
```

    A. ab0de　　　　　　B. ab0de0　　　　　C. ab　　　　　　D. abc

7. 下列程序段的执行结果是_____。

```
char s[ ]={"abcdef"};
cout<<strcat(s,"12345")<<endl;
```

    A. 12345　　　　　　　　　　　　　B. abcdef12345

    C. 12345f　　　　　　　　　　　　　D. 内存引用错误，无输出

8. 设有说明语句 "int b[]={5,6,7,8,9}, *p=b+1;"，则*p 的值是_____。

    A. 5　　　　　　B. 6　　　　　　C. &b[0]　　　　D. &b[1]

9. 下列关于同类型指针变量运算的说法错误的是_____。

    A. 可以参与所有的算术运算　　　　B. 可以参与所有的关系运算

    C. 可以参与所有的逻辑运算　　　　D. 不能参与所有的赋值运算

10. 设有下列说明语句：

```
int a[]={1,2,3,4,5},*pa=a;
char s[]={"1,2,3,4,5"},*ps=s;
```

则能输出数组所有元素的语句是_____。

A. cout<<pa;                     B. cout<<ps;

C. cout<<*pa;                    D. cout<<*ps;

11. 设有说明语句"int a[4]={1,2,3}, *p=a;",则存在语法错误的表达式是_____。

A. p++          B. a++          C. (*p) ++          D. (*a) ++

12. 以下语句存在语法错误的是_____。

A. char a[20]={"Programming"};          B. char a[20],*p=a;p="Programming";

C. char *a; a="Programming";            D. char a[20],*p;p=a="Programming";

13. 设有说明语句"char a[10], *p=a;",则下列赋值语句正确的是_____。

A. a[10]="Hello!";              B. a="Hello!";

C. p="Hello!";                  D. *p="Hello!";

14. 对以下语句的理解正确的是_____。

```
int a[10]={5,6,7,8,9};
```

A. 将 5 个初值依次赋给 a[1]~a[5]

B. 将 5 个初值依次赋给 a[0]~a[4]

C. 将 5 个初值依次赋给 a[5]~a[9]

D. 数组大小与初值的个数不等，发生语法错误

15. 设有说明语句"char s1[10]="abc\0xyz", s2[20]="abc", s3[20]="abc", s4[]="";",
则下列表达式值为 0 的是_____。

A. strcmp(s1,s2)                 B. strcmp(s1,s3)

C. strcmp(s2,s3)                 D. s4

16. 设有说明语句"int a[10]={1,2,3,4,5};",则下列说法正确的是_____。

A. 可用 a[10]表示所定义的数组     B. a[1]的值为 1

C. 元素 a[5]~a[9]的值不确定       D. a 与&a[0]的值相同

17. 设有说明语句"int a[10]={1,2,3,4,5};",则下列指针使用不正确的是_____。

A. int *p1=a;                   B. int *p2; *p2=a;

C. int *p3;p3=a;                D. int *p4; p4=&a[0];

18. 设有说明语句：

```
int a[10]={0,1,2,3,4,5,6,7,8,9},*p1=&a[3];
int b[3][4]={0,1,2,3,4,5,6,7,8,9,10,11},*p2=&b[0][0];
```

则下列说法正确的是_____。

A. p2[7]的值为 7                 B. *(p2+1)的值为 4

C. p1[0]的值为 0                 D. *(p1+1)的值为 1

19. 设有说明语句：

```
char x[ ]="12345";
char y[ ]={'1','2','3','4','5'};
```

则下列选项中值相等的表达式是_____。

A. x[2]与 y[2] 　　　　　　　　B. strlen(x)与 strlen(y)

C. sizeof(x)与 sizeof(y) 　　　　D. x 与 y

20. 设 b 为二维数组，则下列表达式值为真的是_____。

A. b==&b[0][0] 　　　　　　　　B. int(b)==(int)&b[0][0]

C. b+1==&b[0][0]+1 　　　　　　D. int(b+1)==(int)(&b[0][0]+1)

21. 以下选项中与"int * array[5];"等价的定义是_____。

A. int array[5]; 　　　　　　　　B. int *array;

C. int *(array[5]); 　　　　　　　D. int (*array)[5];

22. 设有说明语句"char * language[ ] = {"FORTRAN","BASIC","PASCAL","JAVA", "C"};"，则语句"cout<<*language;"的输出为_____。

A. 数组 language 的首地址 　　　　B. 字符串 FORTRAN 的首地址

C. 字符串 FORTRAN 　　　　　　　D. 字符 F

## 二、填空题

1. 若有说明语句"double a[]={2, 4, 6, 8, 10};"，则&a[3] - &a[0]的值为____①____, (int)&a[3] - (int)&a[0]的值为____②____。

2. 表达式"C++ program design"的值为该字符串的_____。

3. 若有说明语句"int a[10], b[4][7], *p1=&a[0], *p2=&a[j], *p3=&b[0][0];"，在元素下标不越界的条件下，p1[i]与 a[____①____]、p2[i]与 a[____②____]、p3[i]与 b[____③____][____④____]、b[i][j]与 p3[____⑤____]表示同一个元素。

4. 若有说明语句"char s1[]="student", s2[50]="student\0teacher";"，则 strlen(s1)的值为____①____, sizeof(s1)的值为____②____；strlen(s2)的值为____③____, sizeof(s2)的值为____④____。

5. 在 C++程序中，可以直接输入/输出的数组类型是____①____。设有说明语句"char str[80];"，如果要将含有空格的字符串输入 str 中，则应使用语句____②____。

6. 执行下列语句后，数组 s1 中的内容为_____。

```
char s1[20]="123\0abc",s2[10]="xyz",s3[]="456";
strcat(s1,strcpy(s2,s3));
```

7. 执行下列语句后，输出结果为_____。

```
char *s[4]={"Father","Mother","Brother","Sister"};
for(int i=0;i<4;i++,p++)
    cout<<*p[i];
```

8. 分析下列程序，写出程序的运行结果。

```
#include<iostream.h>
void main(void)
{
    char str[]="I am 18 years old, you are 18 years of age.";
```

```
    int amount[26]={0},count=0;
    for(char *p=str;*p;p++)
        if(*p>='A'&&*p<='Z')amount[*p-'A']++;
        else if(*p>='a'&&*p<='z')amount[*p-'a']++;
    for(int i=0;i<26;i++)
        if(amount[i]){
            char c=i+'a';
            cout<<c<<": "<<amount[i]<<'\t';
            count++;
            if(count%5==0)cout<<endl;
        }
    cout<<endl;
}
```

以上程序的输出结果如下：

_____①_____

_____②_____

_____③_____

9. 分析下列程序，写出程序的运行结果。

```
#include<iostream.h>
void main(void)
{
    char str[]="It is 4:30 pm.",*p=str;
    cout<<p<<endl;
    cout<<*p<<endl;
    for(char *q=str;*q=*p;p++)
        if(*q>='0'&&*q<='9')q++;
    cout<<str<<endl;
}
```

以上程序的输出结果如下：

_____①_____

_____②_____

_____③_____

10. 分析下列程序，写出程序运行结果。

```
#include<iostream.h>
void main(void)
{
```

```
int a[15]={450,211,164,290,100,228,287,69,488,84,216,390,369,488,66};
int b[5]={100,200,300,400,500},c[5]={0};
for(int i=0;i<15;i++){
      int j=0;
      while(a[i]>=b[j])
            j++;
      c[j]++;
}
for(i=0;i<5;i++)
      cout<<'<'<<100+i*100<<":\t"<<c[i]<<endl;
}
```

以上程序的输出结果如下：

_____①_____

_____②_____

_____③_____

_____④_____

_____⑤_____

11. 分析下列程序，写出程序运行结果。

```
#include<iostream.h>
void main(void )
{
    char res[10]={0};
    int i=0,x=3456,rem;
    do{
        rem=x%16;
        x=x/16;
        if(rem<10)res[i]='0'+rem;
        else res[i]='A'+rem-10;
        i++;
    }while(x!=0);
    i--;
    for(;i>=0;i--)cout<<res[i];
    cout<<endl;
}
```

以上程序的输出结果是_____。

12. 分析下列程序，写出程序运行结果。

```cpp
#include<iostream.h>
void main( )
{
    int a[]={100,300,500},x=0;
    int *p1=a+2,*p2=&x;
    while(p1>=a){
        *p2+=*p1;
        p1--;
        cout<<x<<endl;
    }
}
```

以上程序的输出结果如下：

_____①_____
_____②_____
_____③_____

13. 分析下列程序，写出程序运行结果。

```cpp
#include<iostream.h>
void main(void )
{
    char s[]={"China\tJiangSu\nPeople\0Good"};
    char *p=s;
    while(*p)p++;
    cout<<sizeof(s)<<'\n'<<p-s<<endl;
}
```

以上程序的输出结果如下：

_____①_____
_____②_____

14. 一个数的各位数字倒过来所得到的新数，叫做原数的反序数。如果一个数等于它的反序数，则称它为对称数或回文数。下列程序用于实现求 1500~2000 的二进制对称数，算法的基本思想是：将正整数的二进制字符形式按正序和反序两种方式放入两个字符数组中，然后比较这两个字符串，若相等则是二进制对称数，否则不是二进制对称数。在空格处填上适当的语句，使其能正确运行。

```cpp
#include<iostream.h>
#include<string.h>
void main(void)
```

```
{
    char s1[33]={0},s2[33]={0};
    char c,*p1,*p2;
    int count=0,t;
    cout<<"二进制对称数如下:\n";
    for(int n=1500; n<2000; n++)   {
        p1=s1;
        p2=_____①_____;
        t=_____②_____;
        while(t){
            c=_____③_____;//求n的最低位二进制的字符表示形式
            t/=2;
            *p1++=c;
            *p2--=c;
        }
        p2++;
        if(_____④_____){
            cout<<"n="<<n<<"，二进制形式为:"<<s1<<endl;
            count++;
        }
    }
    cout<<"对称数的个数为:"<<count<<endl;
}
```

15. 以下程序的功能是：首先初始化一个等比数列，该数列的首项为 3，公比为 2；然后计算满足条件的 j 值和 k 值，使得第 j~k 项的和为 720(和中包含第 j 项及第 k 项)。在空格处填上适当的语句，使其能正确运行。

```
#include<iostream.h>
#define LEN 20
void main(void )
{
    int num[LEN],a=3,q=2;
    int i=0,j,k,t=a;
    do{
        _____①_____=t;
        t*=q;
    }while(num[i]<720);              //初始化等比数列
    int s,flag=0;
```

```
        for(i=0;i<LEN;i++){              //查找符合条件的项
              ②      ;
            j=k=i;
            while(s<720&&k<LEN)
                  s+=num[k++];
            if(s==720){
                k--;
                  ③      ;
                break;
            }
        }
        if(flag==1){
            cout<<"第"<<j<<"项~第"<<k<<"项的和是 720:"<<endl;
            while(    ④    )
                  cout<<num[j++]<<'\t';
            cout<<endl;
        }
        else cout<<"没有满足条件的项!\n";
    }
```

16. 以下程序的功能是合并两个有序数组。程序的算法思想是：依次取出第一个数组中的元素并将其插入第二个数组，保持第二个数组为有序数组。在空格处填上适当的语句，使其能正确运行。

```
#include<iostream.h>
void main(void )
{
    int a[10]={3,5,9,15,25,30},b[20]={1,2,8,10,16,18,20};
    int len1=6;           //数组 a 中实际元素个数
    int len2=7;           //数组 b 中实际元素个数
    for(int i=0;    ①    ;i++){
        for(int j=0;j<len2;j++)
            if(a[i]<b[j])break;
        if(    ②    ) {   //将 a[i]插入数组 b 的末尾
            b[j]=a[i];
            len2++;
        }
        else{
            for(int k=len2;k>j;k--)
```

```
                    ③        ;
                b[k]=a[i];
                len2++;
            }
        }
        for(i=0;i<len2;){
            cout<<b[i]<<'\t';
            if(      ④      )cout<<'\n';
        }
        cout<<'\n';
    }
```

以上程序的输出结果如下：

| 1 | 2 | 3 | 5 | 8 |
|---|---|---|---|---|
| 9 | 10 | 15 | 16 | 18 |
| 20 | 25 | 30 | | |

17. 以下程序模拟两个正的大整数(超出 C++整数范围)的加法运算。程序的算法思想是：用字符数组存放大整数，通过各元素相加求和。例如，大整数 a 的值为 88399005798957，大整数 b 的值为 776988213577，其相加结果为 89175994012534。a 和 b 相加的过程中，在表示整数 a 的数组 a 中和表示整数 b 的数组 b 中，下标为 0 的元素存放最高位，下标为 1 的元素存放次高位，以此类推；而表示和的数组 sum 中，下标为 0 的元素存放个位数字，下标为 1 的元素存放十位数字，以此类推。所以相加后，需对数组 sum 逆序。在空格处填上适当的语句，使其能正确运行。

```
#include <iostream.h>
#include <string.h>
#include <iomanip.h>
void main(void)
{
    char a[20],b[20],sum[21];
    cout<<"Integer a:"; cin>>a;
    cout<<"Integer b:"; cin>>b;
    int j,k,s,carry=0;
    char *pa=a+strlen(a)-1,*pb=b+strlen(b)-1,*ps=sum;
    while(      ①      ) {      //位数相同时相加
        j=*pa-'0';
        k=*pb-'0';
        s=      ②      ;
        if(s<10)  *ps=s+'0';
```

```
            else *ps=s%10+'0';
            carry=s/10;
            pa--,pb--;
                  ③        ;
        }
        char *p1=pa,*p2=a;
        if(pb>=b)  {
            p1=pb;
            p2=b;
        }
        while(p1>=p2) {                    //位数不同时相加
            s=*p1-'0'+carry;
            if(s<10)*ps=s+'0';
            else *ps=s%10+'0';
            carry=s/10;
            p1--,ps++;
        }
        if(carry)*ps++=carry+'0';
        *ps--='\0';
        for(char *p=sum,t;      ④      ;p++,ps--)      //数组 sum 逆序
            t=*p,*p=*ps,*ps=t;
        cout<<"Sum:"<<setw(23)<<sum<<endl;
}
```

以上程序的运行结果如下(带下画线部分为键盘输入内容):

```
Integer a: 88399005798957
Integer b: 776988213577
Sum: 89175994012534
```

18. 下列程序的功能是将数组中的元素降序排序,并删除重复的元素(值相同的元素只保存一个)。程序的算法思想是:首先取出原数组中的首元素放入临时数组;然后依次取出原数组中的其他元素,若该元素不在临时数组中,则将其插入临时数组中,并保持临时数组中元素的有序性;最后将临时数组中的元素复制到原始数组中。在空格处填上适当的语句,使其能正确运行。

```
#include<iostream.h>
void main(void )
{
    int a[15]={4,11,3,7,5,8,2,5,6,10,3,10,8,6,9},t[15];
    int i,j,n=0;
```

```
          ①          =a[0];
    for(i=1;i<15;i++){
          for(j=0;j<n;j++)
              if(a[i]>=t[j])break;
          if(a[i]==t[j])          ②          ;
          for(int k=n-1;k>=j;k--)
                    ③          ;
          t[j]=a[i];
                ④          ;
    }
    for(i=0;i<n;i++)
          a[i]=t[i];
    for(i=0;i<n;i++){
          cout<<a[i]<<'\t';
          if((i+1)%5==0)cout<<endl;
    }
    cout<<endl;
}
```

19. 根据下列程序的运行结果，在空格处填上适当的语句，使其能正确运行。

```
#include<iostream.h>
void main(void )
{
    char s1[50],s2[20];
    cout<<"请输入一个字符串: ";
    cin.getline(s1,50);
    cout<<"请输入另一个字符串: ";
    cin.getline(s2,20);
    char *p1=s1,*p2=s2;
    while(          ①          )p1++;
          ②          =' ';
    while(*p2) {
          *p1=*p2;
                ③          ;
    }
          ④          ;
    cout<<s1<<endl;
}
```

以上程序的运行结果如下(带下画线部分为键盘输入内容)：

请输入一个字符串：<u>visual</u>

请输入另一个字符串：<u>is esay.</u>

visual is esay.

20. 下列程序的功能是求满足以下条件的所有三位数：①该数是某一个两位数的平方；②个位数、十位数和百位数各不相同。在空格处填上适当的语句，使其能正确运行，要求每行输出 5 个数。满足以上条件的所有三位数有 13 个，分别为 169，196，256，289，324，361，529，576，625，729，784，841，961。

```
#include<iostream.h>
void main(void)
{
    int num[22]={0},i,j,k,count=0;
    for(int n=102;n<987;n++){
        i=n%10;                    //求个位数
        j=_____①_____;             //求十位数
        k=n/100;
        if(_____②_____)           //判断是否有相同的数字
            continue;
        for(i=11;i<=31;i++)        //因为32*32=1024,1024已是四位数
            if(_____③_____)
                num[count++]=n;
    }
    for(i=0;i<count;i++){
        cout<<num[i]<<'\t';
        if(_____④_____)cout<<endl;
    }
    cout<<"\n满足条件的三位数共有"<<count<<"个。\n";
}
```

21. 以下程序的功能是将英文句子(字符串)中的单词(连续的英文字母)取出来存入二维字符数组，二维数组的每行保存一个单词。在空格处填上适当的语句，使其能正确运行。例如，对于 "My height is 1 meter 86."，程序运行后的输出结果如下：

My
height
is
meter

```
#include<iostream.h>
```

```cpp
void main(void)
{
    char sentence[1000]="  My   height is 1 meter 86.";
    char words[200][20];
    char *p1=sentence,(*p2)[20]=words;
    while(*p1){
        while(!(*p1>='A'&&*p1<='Z'||*p1>='a'&&*p1<='z')&&*p1)
            p1++;
        if(*p1){
            _____①_____=*p2;
            while(_____②_____)
                *p3++=*p1++;
            *p3='\0';
            _____③_____;
        }
    }
    _____④_____=words;
    while(p4<p2){
        cout<<*p4<<endl;
        p4++;
    }
}
```

22. 以下程序的功能是在不改变原始数组的情况下，对其中的元素进行降序排列。程序的基本思想是：把原始数组各元素的地址保存到指针数组中，通过元素的地址对元素进行排序，从而不改变原始数组。即排序后，指针数组中的首元素为原始数组中最大元素的地址，指针数组中的第二个元素为原始数组中次大元素的地址，以此类推。在空格处填上适当的语句，使其能正确运行。

```cpp
#include<iostream.h>
#define n 9
void main( )
{
    int a[n]={3,5,2,1,4,8,9,7,6};          //原始数组
    int *p[n],i,j,k;                       //指针数组 p 用来保存原始数组各元素地址
    for(i=0;i<n;i++)
        p[i]=_____①_____;
    for(i=0;i<n-1;i++){
        k=i;                   //k 为原始数组中当前最大元素在指针数组中的下标
```

```
    for(j=i+1;j<n;j++)
         if(_____②_____)
              k=j;
    if(k!=i){
         _____③_____;
         t=p[i];
         p[i]=p[k];
         p[k]=t;
    }
}
cout<<"数组为：\n";
for(i=0;i<n;i++)
    cout<<a[i]<<'\t';
cout<<"\n 降序排列为：\n";
for(i=0;i<n;i++)
    cout<<_____④_____<<'\t';
cout<<endl;
}
```

## 三、编程题

1. 设计一个程序，交换一维数组中最大元素与最小元素的位置，如{18, 16, 19, 15, 11, 8}交换后为{18, 16, 8, 15, 11, 19}。

2. 设计一个程序，将二维数组中的每个元素右移一列，将最后一列移到最左边，并按矩阵形式输出数组。例如：

移动前的数组为

| 1 | 2 | 3 | 4 |
|---|---|----|----|
| 5 | 6 | 7 | 8 |
| 9 | 10 | 11 | 12 |

移动后的数组为

| 4 | 1 | 2 | 3 |
|----|---|----|----|
| 8 | 5 | 6 | 7 |
| 12 | 9 | 10 | 11 |

3. 设计一个程序，统计字符串中各类字符的个数。假设把字符分为控制字符(ASCII 码值小于 32)、数字字符、英文字母和其他字符共 4 类。

4. 设计一个程序，将一维数组 b 中的元素依次插入二维数组 a 的每列中，并保持二维数组 a 中每列元素的有序性。例如：

二维数组 a 为

| 1 | 3 | 5 |
|---|---|----|
| 4 | 6 | 8 |
| 8 | 9 | 10 |

数组 b 为

| 2 | 7 | 1 |
|---|---|---|

操作后的数组 a 为

| 1 | 3 | 1 |
|---|---|----|
| 2 | 6 | 5 |
| 4 | 7 | 8 |
| 8 | 9 | 10 |

5. 设计一个程序，通过行指针求二维数组中正数元素与负数元素各自的平均值。

6. 设计一个程序，通过指针查找一维数组中值为 k 的元素(k 从键盘输入)。

7. 设计一个程序，通过指针删除字符串中从键盘输入的指定字符。

# 4.4 实验内容与指导

【实验目的】

1. 进一步理解数组的概念。

2. 掌握数组定义和初始化的基本方法。

3. 掌握使用一维数组、二维数组和字符数组的基本方法。

4. 掌握通过指针使用字符数组和一维数组的方法。

【实验内容】

1. 设计一个程序实现把二维数组每行的最大元素、每列的最小元素分别放入两个一维数组。具体要求如下：

(1)定义一个 3 行 6 列的二维数组，并通过随机函数 rand 对其赋值，元素的值不超过 100；

(2)按矩阵的方式输出二维数组；

(3)输出二维数组每行的最大元素和每列的最小元素(一维数组)。

2. 设计一个程序，删除字符串中的重复字符，如"I am a student.You are a student too."删除重复字符后变为"I amstuden.Yor"。具体要求如下：

(1)定义一个字符数组，并用字符串初始化；

(2)输出删除重复字符前后的字符串。

3. 设计一个程序，通过指针变量交换实型序列的前 n 项和后 n 项。如果原序列为{1.1, 2.2, 3.3, 4.4, 5.5, 6.6, 7.7, 8.8, 9.9}，对调前 3 项与后 3 项后变为{7.7, 8.8, 9.9, 4.4, 5.5, 6.6, 1.1, 2.2, 3.3}。具体要求如下：

(1)定义一个实型数组，并初始化它；

(2)从键盘输入 n 的值；

(3)按每行 5 个元素的方式输出交换元素前后的数组。

4. 设计一个程序，通过指针变量对字符串中的字符按 ASCII 码值从小到大排列。具体要求如下：

(1)定义一个字符数组，并通过键盘输入该数组的值；

(2)按如下格式输入/输出字符串(带下划线部分为键盘输入内容)。

请输入一个字符串：I am 18 years old, born on April 1.

排序后的字符串是：,.118AIaabdeillmnooprrrsy

【实验指导】

1. 随机函数 rand 是库函数，程序应包含头文件<stdlib.h>；每调用一次 rand 函数会产生一个随机整数，对 100 求模可得到不超过 100 的整数。通过两层嵌套的循环遍历二维数组，遍历过程中调用 rand 函数对各元素赋值。

2. 采用下列算法删除数组中的重复元素：

(1)遍历数组，字符的数组循环结束条件通常为字符串结束标记；

(2) 遍历过程中，把当前字符与其后的所有字符进行比较，若发现相同字符，则相同字符后面的字符依次前移一位；

(3) 前移时，注意结束标记的运用。

3. 交换 n 个元素的方法是：

(1) 定义指针变量 p1 并使其指向数组中的第 1 个元素，p2 指向倒数第 n 个元素；

(2) 交换 p1 和 p2 所指的元素后，p1 和 p2 分别指向下一个元素；

(3) 重复第 (2) 步，直到 n 个元素全部交换完毕。

4. 字符数组与普通数组的排序方法基本相同，注意以下几点。

(1) 以指针变量 p 遍历数组时，若循环至最后一个字符，循环条件为 *p!=0；若循环至倒数第二个字符，循环条件为 *(p+1)!=0。

(2) 定义指针变量指向最小元素，通过该指针进行元素比较和交换。

【实验思考】

1. 遍历二维数组时，可以先行后列，也可以先列后行进行遍历，它们有什么区别？分别适用于什么情况？转置输出应采用什么方式？所谓转置输出即不改变原数组的存储内容而直接输出，例如：

原数组为

1　2　3　4
5　6　7　9
9　10　11　12

转置后的数组为

1　5　9
2　6　10
3　7　11
4　9　12

2. 删除重复元素时，怎样防止从后面移过来的元素仍是重复元素？如对于 aaa，在删除第二个 a 时，若简单地把第三个 a 向前移，字符串中仍有重复元素。

3. 删除重复元素时，后面的字符依次向前移一位，可能在字符串最后出现多余字符的情况，如对于 aab，第二个字符移至第一位，第三个字符移至第二位，字符串中的内容为 abb，如何解决这个问题？

4. 交换指针变量 p1 和 p2 所指元素的方法有两种：

(1) p1[i]↔p2[i]，i++；

(2) *p1↔*p2，p1++，p2++；

其主要区别是什么？

5. 指针变量 p 指向数组 a 中第 n 个元素 (a[n−1]) 的语句为 "p=a+n−1;"，指向倒数第 n 个元素的语句是什么 (假设数组中共有 N 个元素)？

6. 把序列最后一个元素移至第一位的方法有以下几种：

(1) 取出最后一个元素保存于 t；

(2) 其他元素依次后移一位，即循环右移一位；

(3) 把原来的最后一个元素，即 t 放到第一位。

采用上述方式，怎样交换序列的前 n 项和后 n 项？即怎样循环后移 n 位？循环前移 n 位又该如何实现？

# 第5章 函数与编译预处理

## 5.1 知识点概要

C++语言中的函数包括用户自定义函数和库函数两类。库函数由 C++语言系统提供,用户只需在程序中包含该库函数所在的头文件便可直接使用,用户自定义函数需要用户在程序中定义后才能使用。

一个完整的 C++程序由一个或多个函数组成,C++程序总是从主函数 main 开始执行,并通过函数调用来使用其他函数。

### 5.1.1 函数定义

C++程序的函数需要先定义后使用,函数使用通过函数调用来实现。在 C++程序中,函数定义的一般形式如下:

函数类型　函数名(形参列表)

{

　　语句序列

}

在定义函数时,函数名、函数类型和形参列表构成函数头部,用一对花括号括起来的语句序列为函数体。函数头部是函数与外界交互的接口,函数体则是函数功能的具体实现。在 C++程序中,函数名必须符合标识符命名规则。

函数类型可以是 C++语言中任意合法的数据类型,是函数执行完毕后函数值的数据类型。依据函数返回值是否为 void 类型,函数分为有返回值和无返回值两种类型。return语句用于终止函数的执行。对于无返回值的函数,函数体中可以有 return 语句,也可以没有 return 语句。此时,如果使用 return 语句,return 后面不能跟表达式。对于有返回值的函数,函数体中一定要有 return 语句,而且 return 语句后面一定有表达式。一个函数可以有多个 return 语句,但由于 return 语句用于终止函数的执行,所以每次调用只能有一个 return 语句被执行;对于有返回值的函数而言,每次执行只能通过 return 语句返回一个值作为函数调用结果。

依据函数参数的情况,函数分为有参函数和无参函数。定义无参函数时,函数名后的圆括号不能省略,括号中可以写 void,也可以什么都不写。定义有参函数时,如果函数有多个参数,必须逐一指定每个参数的类型,多个参数之间用逗号分隔。

### 5.1.2 函数调用

在程序中使用函数称为函数调用,函数调用的一般形式如下:

函数名 (实参列表)

对于有参函数,定义函数时说明的参数为形参,调用函数时提供的参数为实参。无值型函数可以单独构成一个完整的语句。一般来说,有值型函数必须出现在其他 C++的表达式中才有实际意义,此时的函数相当于一个变量。函数的实参与形参的个数与顺序必须一致,实参值的类型必须与形参一致或者兼容。对于有参函数,形参与实参之间的数据传送方式有 3 种:值传递、地址传递和引用传递。

对于用户自定义函数来说,函数应该先定义后使用。如果函数调用在前,定义在后,C++语言规定在函数调用之前必须对所调用的函数作原型说明。C++程序中函数原型说明的一般形式如下:

函数类型　函数名 (形参列表) ;

C++语言程序中的函数不能嵌套定义,但可以嵌套调用。所谓嵌套调用是指在调用 A 函数的过程中,可以调用 B 函数,在调用 B 函数的过程中,还可以调用 C 函数。当 C 函数调用结束后,返回到 B 函数,当 B 函数调用结束后,再返回到 A 函数。

递归调用是一种特殊的函数嵌套调用。所谓函数的递归调用是指在调用一个函数的过程中直接或间接地调用该函数自身。递归调用又可分为直接递归和间接递归。

### 5.1.3　函数参数传递

1. 值传递

实参为普通数据类型时,实参只给形参提供数值,这种形式的参数传递称为值传递。值传递属于单向传递,只能由实参传值给形参,而不能由形参回传给实参。

2. 地址传递

将指针作为函数参数时,形参传递给实参的是某一个变量的地址,这种情况称为地址传递。采用这种传递形式,函数除了可以用 return 语句返回一个值外,每个指针类型的参数可以带回给函数调用者一个数值。

3. 一维数组作为函数参数

数组名是地址常量,其值为数组的起始地址。当把数组名作为函数参数时,其作用与指针相同。如表 5-1 所示,数组或指针作为函数参数时包含 4 种情形。

**表 5-1　一维数组作为函数参数的 4 种形式**

| 设有语句: int a[4]={0}, n, *p=a; cin>>n; | | | |
| --- | --- | --- | --- |
| 函数原型说明 | 函数调用 | 实参 | 形参 |
| void fun(int b[], int n) | fun(a, n) | 数组名 | 数组名 |
| void fun(int *p, int n) | fun(a, n) | 数组名 | 指针变量 |
| void fun(int b[], int n) | fun(p, n) | 指针变量名 | 数组名 |
| void fun(int *p, int n) | fun(p, n) | 指针变量名 | 指针变量 |

4. 二维数组作为函数参数

二维数组的地址分为行地址和元素地址，所以以二维数组作为函数参数时，依据参数地址形式的不同有 3 种使用形式(如表 5-2 所示)。

表 5-2  二维数组作为函数参数的表示形式

| 设有语句：int y[4][5], (*p1)[5], *p2; p2=&y[0][0]; p1=y; | | | |
|---|---|---|---|
| 形参类型 | 形参举例 | 实参 | 实参举例 |
| 数组 | int x[][5] | 数组名 | y |
| 行指针变量 | Int (*p1)[5] | 数组的行地址 | y  (y+0)  &y[0]  p1 |
| 数组元素指针 | int *p2 | 数组元素地址 | *y  *(y+0)  y[0]  &y[0][0]  *p1 |

特别需要说明的是，无论是一维数组还是二维数组，以数组作为实参时只能使用数组名。

5. 引用传递

当将函数的形参作为引用类型时，称为引用传递。引用传递与地址传递相似，可作为函数的输入参数，也可作为函数的输出参数。

### 5.1.4  函数的其他特性

1. 函数参数的缺省值

C++语言中允许设置函数参数的默认值。若函数有多个参数，可以设置部分参数的缺省值，也可以设置所有参数的缺省值。如果只为部分参数设置缺省值，应该自右向左逐一设置。在函数调用中，如果实参没有给出值，则使用形参的默认值；如果实参给定了值，则形参从左向右使用实参的值，而不使用默认值。

2. 内联函数

若函数设计成内联函数，则在编译时，将程序中出现的调用表达式用内联函数进行替换。内联函数的定义方法是在函数类型前加关键字 inline。

3. 函数重载

函数重载，即一个函数名对应着多个不同的函数实现。进行函数重载时，要求同名函数在参数的个数、类型或顺序上有所区别，以便编译系统区别不同的函数实现。

### 5.1.5  变量的作用域与存储类型

作用域是指变量的有效范围。在 C++程序中，变量的作用域分为块作用域、文件作用域、函数原型作用域、函数作用域和类作用域 5 种。按照作用域的不同，变量分为全局变量和局部变量。全局变量是指在函数体外说明的变量，其作用域为整个程序；局部变量是指在某一块内说明的变量，其作用域为该语句块。若全局变量与局部变量同名，则按照局部优先的原则，优先缺省使用局部变量；在块内可通过作用域运算符"::"来使用同名的全局变量。

变量的存储类型决定了变量占用内存空间所在的区域，同时决定了变量的生存期。变量的生存期是指从一个变量被说明且分配了内存开始，直到该变量说明语句失效，它占用的内存空间被释放。变量按存储方式可分为 auto（自动）类型变量、register（寄存器）类型变量、static（静态）类型变量和 extern（外部）类型变量。需要注意的是，静态类型变量分局部静态变量与全局静态变量。局部静态变量的作用域与 auto 变量相同，所不同的是在它的作用域外变量仍然存在，一旦回到作用域，仍保持原来的值；全局静态变量表示该全局变量只限于在一个文件中使用。

全局变量与局部变量的生存期及缺省初始值如表 5-3 所示。

表 5-3　变量的生存期与缺省初始值

| 变量类型 | 生存期开始位置 | 生存期结束位置 | 缺省初始值 |
| --- | --- | --- | --- |
| 全局变量 | 变量定义处 | 程序结束处 | 0 |
| 局部静态变量 | 变量定义处 | 程序结束处 | 0 |
| 局部自动变量 | 变量定义处 | 包含声明的最小块结束处 | 不确定 |

### 5.1.6　编译预处理

编译预处理是指在对源程序进行编译之前，由编译预处理程序对源程序中的编译预处理命令所做的加工处理工作。C++程序中的编译预处理命令包括文件包含、宏定义和条件编译 3 类。

1．文件包含

文件包含指预处理时将其语句所指定的头文件包含到当前文件中。文件包含的基本格式如下：

```
#include"文件名"
```

或

```
#include <文件名>
```

2. 宏定义

C++语言中用#define 命令定义的符号常量称为宏，宏分为无参宏和有参宏。

无参宏定义的语法格式如下：

```
#define　宏标识符　字符或字符串
```

宏标识符是用户定义的标识符，又称宏名；在编译预处理时，对程序中出现的所有宏名均使用宏定义中的字符串、常量或者表达式代换，即宏扩展。

有参宏定义的语法格式如下：

```
#define　宏名(参数表)　字符或字符串
```

定义有参宏时，参数表中的参数需要用逗号“,”分隔，但是不能指定数据类型。需要注意的是，宏名与其后的圆括号之间没有空格。

有参宏的使用通过宏调用来实现,有参宏调用的一般形式如下:

宏名(实参表);

其中,定义宏时的参数称为形式参数,调用宏时的参数称为实际参数。宏展开时编译器不作语法检查,只进行简单的替换,故定义时要加上必要的括号。

3. 条件编译

预处理程序提供的条件编译功能可以按不同的条件编译不同的程序部分,从而产生不同的目标代码文件。宏名作为编译指令的条件编译的一般形式如下:

```
#ifdef　标识符
    程序段
#endif
```

条件编译经常使用的另一种形式如下:

```
#ifdef　标识符
    程序段1
#else
    程序段2
#endif
```

# 5.2　典型例题解析

【例 5.1】假定函数 f1 已经正确定义,下列函数原型说明时,参数缺省值定义错误的是_____。

A. float fun(int x, int y=0);　　　　B. float fun(int =100);

C. float fun(int x=0, int y);　　　　D. float fun(int y=f1());

【答案】C

【解析】函数原型说明指定参数缺省值时可以省略参数名,故 B 选项正确;D 选项是将函数 f1 的返回值作为形参 y 的缺省值;C 选项的错误在于,当为形参的部分参数指定缺省值时,必须自右向左进行指定,不允许在提供缺省值的参数的右边存在没有缺省值的参数。

【例 5.2】以下程序的运行结果是_____。

```
void f(int x=10, int y=15, int z=20)
{
    cout<<x<<'\t'<<y<<'\t'<<z<<'\n';
}
void main()
{
```

```
    f(0, 5);
}
```

A. 0　5　10　　　　B. 0　5　15　　　C. 0　5　20　　　　D. 10　0　5

【答案】C

【解析】在函数调用过程中，如果实参没有给定值，则使用形参的默认值，如果实参给定了值，则形参从左向右使用实参的值而不用默认值。因此，形参 x 和 y 分别使用实参 0 和 5，而形参 z 则使用缺省值 20。

【例 5.3】以下程序段的运行结果是_____。

```
void f(int x) { cout<<x*x<<'\n'; }
void f(int x, int y) { cout<<x*y<<'\n'; }
void f(float x, float y) { cout<<x+y<<'\n'; }
void main( ) { f(3, 5); }
```

A. 15　　　　　　　B. 9　　　　　　　C. 8　　　　　　　D. 25

【答案】A

【解析】程序中定义的 3 个函数均具有相同的函数名 f，但是参数的个数和类型不同，属于函数重载。主函数中调用 f 函数提供的两个参数均为整型数，因此调用了具有两个整型参数的函数 f。

【例 5.4】以下程序段输出的第 1 行是_____，第 2 行是_____，第 3 行是_____。

```
fun(int a, int b)
{
    int c=a+b;
    cout<<c<<'\n';
    return c;
}
void main( )
{
    int x=6, y=7, z=8;
    cout<<"fun="<< fun( fun(x++, y++), fun(y++, z++)) <<endl;
}
```

【答案】程序第 1 行的输出是 15，程序第 2 行的输出是 14，第 3 行的输出是 29。

【解析】主函数中表达式 fun( fun(x++, y++), fun(y++, z++))用以调用 fun 函数，并以两次调用 fun 函数的返回值作为实参。由于实参在自左向右传递给形参的过程中要被存储到栈中，从而使得实参在向形参赋值时自右向左逐一进行，因此，先调用 fun(y++, z++)，再调用 fun(x++, y++)，并以两次调用的返回值作为实参来完成外层 fun 函数的调用，即 fun(15, 14)。

【例5.5】分析下列程序，写出程序运行结果。

```cpp
#include<iostream.h>
int a=2;                                  //A
void main( )
{
    int b=2, c=3;                         //B
    ++a;                                  //C
    c+=++b;
    if(++a&&++b||++c)
        cout<<a<<', '<<b<<', '<<c<<'\n';  //D
    {
        int a=3, c=b*3;                   //E
        a+=c;                             //F
        cout<<a<<', '<<b<<', '<<c<<'\n';  //G
    }
    a+=c;                                 //H
    cout<<a<<', '<<b<<', '<<c<<'\n';      //I
}
```

【答案】第1行输出为4，4，6，第2行输出为15，4，12，第3行输出为10，4，6。

【解析】A行定义的变量a为全局变量，B行定义的变量b和c为局部变量，E行定义的变量a和c为局部变量，作用域为块作用域。当程序执行到C行时，使用的是全局变量a，因此D行输出的是全局变量a和在B行定义的局部变量b和c的值(其中，if语句中由于逻辑运算的优化，++c不再计算)。程序在F行使用的是E行定义的局部变量a和c，G行输出的便是E行定义的a和c，以及B行定义的变量b的值。当程序执行到H行时，E行定义的变量a和c的作用域已经结束，此时使用的是全局变量a和B行定义的局部变量c，因此，程序在I行的输出是全局变量a和B行定义的局部变量b和c。

【例5.6】以下程序的运行结果是_____。

```cpp
#include<iostream.h>
int f(int x, float y)
{
    cout<<x+y<<'\t';
    return x+y;
}
void main( )
{
    cout<<f(3.1, 5.6)<<endl;
}
```

A. 8    8        B. 8.6    8        C. 8.6    8.6        D. 8.7    8

【答案】B

【解析】函数 f 的形参 x 为 int 类型，形参 y 为 float 类型，main 函数在调用函数 f 时提供的实参均为实型，因此，当将 3.1 赋值给形参 x 时会自动转换成整型数 3。表达式 x+y 的值为实型数 8.6，当返回到函数调用处时，由于函数的类型为 int，所以实型数 8.6 被自动转换成整型数 8。

【例 5.7】设计递归函数，利用二分查找法在一个有序数列中实现数值查找。

【程序】

```cpp
#include <iostream.h>
int midsearch(int a[], int low, int high, int x)
{
    if(low>high)
        return 0;                    //A
    int mid=(low+high)/2;
        if(a[mid]==x)
        return 1;                    //B
    if(a[mid]<x)
        return midsearch(a, mid+1, high, x);    //C
    else
        return midsearch(a, low, mid-1, x);    //D
}
void main( )
{
    int b[10]={2, 4, 6, 8, 10, 17, 19, 21, 23, 35}, n;
    cout<<"输入要查找的数。\n";
    cin>>n;
    if(midsearch(b, 0, 9, n) )
        cout<<"查找成功，数组有此数！\n";
    else
        cout<<"查找失败，数组无此数！\n";
}
```

【解析】

二分查找法的算法思想可以描述为：每次取查找区间[low, high]的中点 mid，如果中点所对应的值与要查找的数相同，则查找成功；如果小于要查找的数，则到区间[mid+1, high]中递归查找，否则到区间[low, mid－1]中递归查找；若 low>high，则查找失败。

本例程序中，midsearch 函数分别在 C 行和 D 行递归调用自身。C 行递归调用 midsearch 函数时，以 mid+1 修改查找范围的下界(函数的第二个参数)，将原来的查找区间缩小为

[mid+1，high]。D 行递归调用 midsearch 函数时，以 mid-1 修改查找范围的上界(函数的第三个参数)，将原来的查找区间缩小为[low，mid-1]。

程序中函数的递归结束条件有两个：当 low>high 时(A 行)，查找的下界大于上界，表明数组 a 中不存在需要查找的数 x，故返回 0，递归结束；当 a[mid]==x 时，说明数组 a 中下标为 mid 的元素即为要查找的数 x，查找成功，返回 1，递归结束。

【例 5.8】编写程序，实现输入一个十进制整数，输出相应的二进制、八进制和十六进制数，具体要求如下。

(1)设计函数 int trans(char b[ ], int x, int n)来实现数制的转换，其中，数组 b 存储转换结果，x 对应一个十进制整数，n 为要转换的数制(二进制、八进制、十六进制数)。

(2)在主函数中说明相应的数组与变量，输入一个十进制整数和要转换的数制。其中，要转换的数制必须是 2、8、16 之一，否则继续输入，直到输入正确为止。在主函数中调用 trans 函数，输出转换后的结果。

【程序】

```cpp
#include <iostream.h>
int trans(char b[], int x, int n)
{
    int i=0;
    while(x) {
        b[i]=x%n+'0';              //A
        x=x/n;
        if(b[i]>'9')
            b[i]=b[i]-'9'-1+'A';    //B
        i++;
    }
    return i;
}
void main( )
{
    char a[20];
    int i, k, m, sel;
    cout<<"输入一个十进制整数:\n";
    cin>>m;
    do{
        cout<<"\n 输入要转换的进制数: 2, 8, 16: \n";
        cin>>sel;
    }while(sel!=2&&sel!=8&&sel!=16 );
    k=trans(a, m, sel);                        //C
```

```
cout<<"\n 将十进制整数 "<<m<<"转换为 "<<sel<<"进制数结果为: "<<endl;
for(i=k-1; i>=0; i--)
    cout<<a[i];
cout<<endl;
}
```

【解析】

(1)由于表示十六进制数时需要使用字符 A~F，所以用于存储十进制整数所对应的二进制、八进制和十六进制数的数组为 char 类型。程序 A 行将十进制整数 n 的低位依次转换成对应的字符，并以元素 b[i]存储；B 行用于处理十六进制转换时对应字符 A~F 的转换。

(2)C 行为函数调用，函数的返回值为十进制整数转换成对应的进制后的位数，实际上也是数组 a 中有效元素的个数。

## 5.3　习　　题

**一、选择题**

1. 以下说法不正确的是_____。

A. 在不同函数中可以定义相同名字的变量

B. 形参是局部变量

C. 在函数内定义的变量只在本函数范围内有效

D. 在函数内的复合语句中定义的变量在本函数范围内有效

2. 以下叙述不正确的是_____。

A. 预处理命令行都必须以#号开始

B. 在程序中凡是以#号开始的语句行都是预处理命令行

C. 以下定义中，C　R 是称为宏名的标识符：#define C　R 145

D. 宏替换不占用运行时间，只占编译时间

3. 设有宏定义 "#define f(x, y) (−(x)*2/y)"，执行语句 "cout<<f(3+4, 2+3)<<endl;"后的输出结果为_____。

A. 4　　　　　　　　B. 1　　　　　　　　C. −2　　　　　　　　D. −4

4. 不能作为函数重载判断依据的是_____。

A. 函数类型不同　　B. 函数名相同　　C. 参数个数不同　D. 参数类型不同

5. 若有宏定义 "#define N 5"，则下列函数参数默认值定义错误的是_____。

A. Fun(int x, int y=N)　　　　　　　B. Fun(int x=N, int y)

C. Fun(int x=N*N)　　　　　　　　D. Fun(int x=N+2)

6. 在一个被调函数中，以下关于 return 语句使用的描述错误的是_____。

A. 被调函数中可以不使用 return 语句

B. 被调函数中可以使用多个 return 语句

C. 在被调函数中，一个 return 语句可返回多个值给调用函数

D. 在被调函数中，如果有返回值，就一定要有 return 语句

7. 在 C++语言中，函数返回值的类型由_____确定。

A. return 语句中的表达式类型

B. 调用该函数时的系统状态

C. 调用该函数的调用函数

D. 定义该函数时所指定的函数类型

8. 若已定义了一个有返回值的函数，以下关于该函数调用的叙述错误的是_____。

A. 函数调用可以作为独立语句

B. 函数调用可以作为表达式的一部分

C. 函数调用可以作为一个函数的实参

D. 函数调用可以作为一个函数的形参

9. 若有函数原型说明 "void f(int a[], int n);"，则以下函数调用错误的是_____。

A. int x[10]={1, 2, 3}; f(x, 10);

B. int x[10]={1, 2, 3}; f(x, 3);

C. int x[10]={1, 2, 3}, *p=&x[5]; f(p, 10);

D. int x[10]={1, 2, 3}, *p=&x[5]; f(p, 4);

10. 设有说明语句 "float fun( int &, char *); int x; char s[2][3];"，以下对函数 fun 的调用中，正确的调用格式是_____。

A. fun(&x, s)      B. fun(x, s)      C. fun(x, &s[0][0])   D. fun(&x, *s)

11. C++语言中函数的隐含存储类型是_____。

A. auto          B. static          C. extern          D. 无存储类别

12. 以下叙述正确的是_____。

A. 函数的形参属于全局变量

B. 全局变量的作用域一定比局部变量的作用域范围大

C. 静态类型变量的生存周期贯穿于整个程序的运行期间

D. 任何存储类型的变量未赋初值时，其值都是不确定的

13. 以下关于 C++函数的叙述正确的是_____。

A. 函数体的最后一条语句必须是 return 语句

B. 内联函数就是定义在另一个函数体内部的函数

C. C++在调用一个函数之前，该函数已完整定义或者已有该函数的原型说明

D. 编译器会根据函数的返回值类型区分函数的不同重载形式

14. 若有函数原型说明 "double * f(int *p, int n);"，则在调用函数 f 后，函数的返回值类型是_____。

A. 该函数的地址              B. 指向一个函数的指针

C. 指向一个实数的指针        D. 一个实数

15. 以下有关函数重载的叙述不正确的是_____。

A. 两个或两个以上的函数具有相同的函数名，但是形参的类型不同

B. 两个或两个以上的函数具有相同的函数名，但是形参的个数不同

C. 两个或两个以上的函数具有相同的函数名，各函数的返回值类型必须不同

D. 两个或两个以上的函数具有相同的函数名，但是形参的个数和类型均不同

16. 以下关于 C++函数的叙述不正确的是_____。

A. 函数必须有返回值

B. 在不同的函数中可定义同名的变量

C. 一个函数中可有多条 return 语句

D. 函数的定义不能嵌套，但函数的调用可嵌套

17. 下列函数定义存在语法错误的是_____。

A. void f5 (); 　f6 () {f5; cout<<200; } 　void f5 () {cout<<100; }

B. void f3 () {cout<<100; } 　void f4 () {cout<<200; }

C. void f7 (int a) {if (a) f7 (– –a); cout<""; }

D. void f1 () {cout<<100; void f2 () {cout<<200; }}

18. 以下程序段的输出结果是_____。

```
int func(int a, int b)
{
    static int m=0, i=2;
    i+=m+1;
    m=i+a+b;
    return(m);
}
void main( )
{
    int k=4, m=1, p;
    p=func(k, m);
    cout<<p<<",";
    p=func(k, m);
    cout<<p<<endl;
}
```

A. 8,20　　　　　　B. 8,16　　　　　C. 8,17　　　　　　D. 8,8

19. 以下程序的输出结果是_____。

```
int w=3;
int fun(int);
void main( )
{
    int w=10;
    cout<<fun(5)*w<<'\n';
```

```
}
int fun(int k)
{
    if(k==0) return w;
    return (fun(k-1)*k);
}
```

A. 360          B. 1200          C. 1080          D. 3600

20. 以下程序的运行结果是_____。

```
void f(int x=10, int y=15, int z=20)
{
    cout<<x<<'\t'<<y<<'\t'<<z<<'\n';
}
void main( )
{   f(0, 5)；  }
```

A. 0  5  10          B. 0  5  15          C. 0  5  20          D. 10  0  5

## 二、填空题

1. 函数调用的 3 种方式分别为___①___、___②___、___③___。

2. 若需要将一个函数声明为内联函数，那么在一个函数的定义或声明前应加上关键字_____。

3. C++程序中编译预处理包括___①___、___②___、___③___。

4. 在函数原型声明中，必须声明函数参数的类型，但可以省略___①___；函数原型声明一般用于___②___情形。

5. 函数定义时的参数称为___①___，函数调用时的参数称为___②___；在函数调用时，这两种参数应该保持___③___、___④___和___⑤___的一致。

6. 若函数不返回任何值，该函数类型应为(关键字)___①___；若定义函数时没有明确给出函数的返回值类型，则该函数的类型应为(关键字)___②___。

7. 全局变量和静态变量在内存中占用的存储区域位于___①___；没有初始化的全局变量和静态变量的初始值为___②___。

8. 设有函数的原型说明 "void f(char *s, int a[]);"，要定义一个指向该类型函数的指针 fp，应使用语句___①___；若要使得该指针指向函数 f，应使用语句___②___。

9. 分析以下程序，写出程序运行结果。

```
#include<iostream.h>
void main(void)
{   int a[3][3]={1, 2, -3, 4, -5, 6, -7, 8, 9};
    for(int sum1=0, sum2=0, i=0; i<3; i++)
        for(int j=0; j<3; j++){
```

```
                if(i==j)sum1+=a[i][j];
                if(i+j==2)sum2+=a[i][j];
            }
     cout<<"sum1="<<sum1<<endl;
     cout<<"sum2="<<sum2<<endl;
}
```

以上程序的第 1 行输出为＿＿①＿＿，第 2 行输出为＿＿②＿＿。

10. 分析下列程序，写出程序运行结果。

```
# include <iostream.h>
int fun(int a[], int n, int &s1, int &s2)
{ s1=s2=0;
  int x1=a[0], x2=a[0];
  float s3=0;
  for(int i=0; i<n; i++){
      s3+=a[i];
      if(a[i]>x1){
          s1=i;
          x1=a[i];
      }
      if(a[i]<x2){
          s2=i;
          x2=a[i];
      }
  }
  cout<<"s3="<<s3/n<<endl;
  return s3/n;
}
void main(void)
{
  int a[5]={ 5, 4, 3, 2, 0} , i;
  int s1, s2, s3;
  s3=fun(a, 5, s1, s2);
  cout<<"s1="<<s1<<', '<<"s2="<<s2<<', '<<"s3="<<s3<<'\n';
  cout<<a[s1]<<'\t'<<a[s2]<<'\n';
}
```

以上程序的第 1 行输出是＿＿①＿＿，第 2 行输出是＿＿②＿＿，第 3 行输出是＿＿③＿＿。

11. 分析下列程序，写出程序运行结果。

```cpp
#include <iostream.h>
#define N 5
int * fun(int x[][N], int n)
{
  int s=0;
  for (int i=0; i<N; i++)
      for (int j=0; j<=i; j++){
            if(j==0||j==i)  x[i][j]=1;
            else x[i][j]=x[i-1][j]+x[i-1][j-1];
            s+=x[i][j];
        }
  return &s;
}
void main(void)
{
  int y[N][N], s;
  s=*fun(y, N);
  for (int i=0; i<N; i++){
      for (int j=0; j<=i; j++)
            cout<<y[i][j]<<'\t';
      cout<<'\n';
  }
  cout<<s<<'\n';
}
```

以上程序的第 2 行输出是___①___，第 4 行输出是___②___，第 6 行输出是___③___。
12. 分析下列程序，写出程序运行结果。

```cpp
#include <iostream.h>
void f(int i)
{
  if(i>0){
        if(i>0) f(i/2);
        cout<<i%2;
  }
  else if(i<0){
        if(-i>0)  f(i/2);
```

```
            cout<<(-i)%2;
        }
        else cout<<i;
}
void main( )
{
  f(5); cout<<'\n';
  f(-23); cout<<'\n';
  f(0); cout<<'\n';
}
```

以上程序的第 1 行输出是　①　，第 2 行输出是　②　，第 3 行输出是　③　。

13. 分析下列程序，写出程序运行结果。

```
#include <iostream.h>
void invert(int a[], int k)
{
  int t;
  if(k>1){
    invert(a+1, k-2);
    t=a[0];
    a[0]=a[k-1];
    a[k-1]=t;
  }
}
void main( )
{
  int b[5]={1, 2, 3, 4, 5};
  for(int i=0; i<5; i++)
    cout<<b[i]<<'\t';
    cout<<'\n';
  invert(b, 3);
  for(i=0; i<5; i++)
    cout<<b[i]<<'\t';
  cout<<'\n';
}
```

以上程序的第 1 行输出是　①　，第 2 行输出是　②　。

14. 分析下列程序，写出程序运行结果。

```cpp
#include<iostream.h>
int a=10;
void fun(void)
{
    int a=15;
    ::a-=--a;
    cout<<::a<<'\t'<<a<<'\n';
}
void main(void)
{
    int a=15;
    for(int i=-10; i<a+::a; i++) fun();
}
```

以上程序的第 1 行输出为_____①_____，第 2 行输出为_____②_____，第 3 行输出为_____③_____。

15. 分析下列程序，写出程序运行结果。

```cpp
#include<iostream.h>
int f(int x=5)
{
    static int y=3;
    if(x==3)y=2;
    else {
        cout<<"x="<<x<<", y="<<y<<'\n';
        y=x*f(x-2);
    }
    return y;
}
void main(void)
{
    int y=7;
    y=f();
    cout<<"y="<<y<<endl;
}
```

以上程序的第 1 行输出为_____①_____，第 2 行输出为_____②_____。

16. 分析下列程序，写出程序运行结果。

```cpp
int n=10;
```

```
int f(int x, int y)
{
    x+=n++;
    y-=n++;
    cout<<x<<'\t'<<y<<'\t'<<n<<'\t';
    return x+y;
}
void main( )
{
    int n=5, m=10;
    n=f(n, m);
    cout<<n<<'\t'<<m<<'\n';
    {
        int m=20;
        n=f(n, m);
        cout<<n<<'\t'<<m<<'\n';
    }
}
```

以上程序的第 1 行输出为＿＿①＿＿，第 2 行输出为＿＿②＿＿。

17. 分析下列程序，写出程序运行结果。

```
#include<iostream.h>
void fun(char *p1, char *p2)
{
    int label1=0, label2;
    while(*(p1+label1)!='\0'){
        label2=0;
        while(*(p2+label2)!='\0'){
            if(*(p1+label1)==*(p2+label2)){
                cout<<label2<<'\t'<<*(p2+label2)<<endl;
                break;
            }
            label2++;
        }
        label1++;
    }
}
void main( )
```

```
{
    char s1[]="abcdefgh139";
    char s2[]="1a2b3c";
    fun(s1, s2);
}
```

以上程序的第 1 行输出为___①___,第 2 行输出为___②___,第 3 行输出为___③___。

18. 以下程序实现了删除字符串中重复出现的字符。例如,若有字符串 112233a33123 ab123,执行该程序后的输出应该为 123ab。请在空格处填上适当的语句,使其能正确运行。

```
#include <iostream.h>
void del(char *str)
{
    int i, j, k, flag=0;
    for(i=0; str[i]; i++){
        for(j=___①___; str[j]; j++) {
            while(str[j]==str[i]) {
                ___②___;
                while(str[k]){
                    ___③___;
                    k++;
                }
                str[k]='\0';
                flag=1;
            }
            if(flag){
                j--;
                flag=0;
            }
        }
    }
}
void main( )
{
    char s[]="112233a33123ab123";
    cout<<s<<endl;
    ___④___;
    cout<<s<<endl;
}
```

19. 若数组 b 中存放了 n 个数且已按升序排列，add_sort 函数用于实现在数组 b 中插入一个从键盘读入的数 x 后，数组 b 仍然保持升序顺序。请在空格处填上适当的语句，使其能正确运行。

```cpp
#include <iostream.h>
void add_sort(int a[], int x, int &n)
{
    int i=0, j;
    while(a[i]<x)   ①   ;
    for(j=n; j>i; j--)
        a[j]=a[j-1];
      ②   ;
    n++;
}
void main( )
{
    int b[100]={2, 3, 5, 8, 9, 10, 11, 15, 18, 20}, n=10;
    int i, x;
    cin>>x;
    for(i=0; i<n; i++)
        cout<<b[i]<<'\t';
    cout<<endl;
      ③   ;
    for(i=0; i<   ④   ; i++)
        cout<<b[i]<<'\t';
    cout<<endl;
}
```

20. 以下程序的功能是输出小于 1000 的自然数中能被 11 整除且各位数字之和为 13 的数，要求每行输出 5 个，并统计个数。请在空格处填上适当的语句，使其能正确运行。

```cpp
#include <iostream.h>
void fun(int n, int *sum)
{
    *sum=0;
    while(n){
          ①   +=n%10;
          ②   ;
    }
```

```
    }
    void main( )
    {
        int s, count=0;
        for(int i=11; i<1000; i++){
                _____③_____ ;
            if(_____④_____)    {
                    cout<<i<<'\t';
                    if(++count%5==0) cout<<endl;
                }
            }
        cout<<'\n'<<"count="<<count<<'\n';
    }
```

21. 假定有序号为 1，2，…，m 的 m 盏灯排成一行，每盏灯分别由一个拉线开关控制，起初所有的灯呈关闭状态。现有 n(n≤m) 位小朋友依次来拉电灯开关，第 1 位小朋友将序号为 1 的倍数的电灯开关拉一下；第 2 位小朋友将序号为 2 的倍数的电灯拉一下；当最后一位小朋友把序号为 n 的倍数的电灯开关拉一下之后，哪些电灯是亮着的？请在空格处填上适当的语句，以输出最后亮着的电灯的序号。

```
    #include <iostream.h>
    #define CHILD 30
    #define LAMP 100
    void on_off(int a[], int m, int n)
    {
        int count=0;
        for(int i=0; i<=m; i++)
            a[i]=0;
        for(int j=1; j<=n; j++)
            for(int_____①_____; k<=m; k+=j)
                a[k]++;
        for(i=1; i<=m; i++){
            if(_____②_____) {
                    cout<<i<<'\t';
                    _____③_____ ;
                    if(count%5==0) cout<<endl;
                }
            }
        cout<<'\n'<<"count="<<count<<'\n';
```

```
}
void main( )
{
    int a[LAMP+1];
    _____④_____ ;

}
```

22. 以下程序的功能是统计子字符串 substr 在母字符串 str 中出现的次数，如 aaa 在 aaaaaa 中出现了 4 次。请在空格处填上适当的语句，使其能正确运行。

```
#include<iostream.h>
int f(char str[], char substr[])
{
    int i, j, k, count=0;
    for(i=0;_____①_____; i++){
        j=i;
        k=0;
        while(str[j]==substr[k]){
            if(_____②_____){
                count++;
                break;
            }
            j++;
            _____③_____ ;
        }
    }
    return count;
}
void main(void )
{
    char s1[]="I am a student, you are student.", s2[]="student";
    cout<<s2<<"在"<<s1<<"中出现了"<<____④____<<"次。\n";

}
```

## 三、编程题

1. 设计函数 void sort_char(char *str)，将字符串 str 中的字符按 ASCII 码值进行升序排序，并在主函数中测试和输出。例如，原字符串为 gabhdecf，排序后的字符串为 abcdefgh。

2. 定义函数 void fun(char *str)，互换字符串 str 中首尾位置上对应奇数位上的元素，即第 1 个奇数位上的字符与最后一个奇数位上的字符互换，第 2 个奇数位上的字符与倒数第 2 个奇数位上的字符互换，以此类推（统一以字符数组的下标判断奇数位）。要求在主函数中分别输出原字符串和执行互换操作后的字符串。例如，原字符串为"ggoi romndno"，执行这一操作后的字符串为"good morning"。

3. 若将某个整数的各位数字反序排列后得到的整数与原数相等，那么这个整数被称为自反数。例如，整数 12345 逆序后为 54321，两个数不等，则 12345 不是自反数；而整数 32323 逆序后仍为 32323，故 32323 是自反数。试定义函数 int fun(int n) 判定整数 n 是否为自反数，并在主函数中通过调用 fun 函数来查找大于基数 base 的 num 个自反数。

# 5.4  实验内容与指导

【实验目的】

1. 掌握函数的定义和调用方法。
2. 掌握函数中参数的 3 种传递方式。
3. 掌握函数参数为数组、指针和引用类型时的使用方法。
4. 掌握函数返回值为指针和引用类型时的使用方法。

【实验内容】

1. 设计函数 float fun(float a[], int n, float &max, float &min)，用于查找数组 a 中的最大值元素 max 和最小值元素 min，同时计算去除最大值和最小值后 a 中元素的平均值，并在主函数中测试该函数。

2. 若以数组 a 存储 n 个学生的成绩，定义函数 void rank(float a[], int n, int b[])，将每名学生的名次存入数组 b 中对应的元素。其中，成绩相同的学生名次相同，如果有 n 名学生的成绩相同，则下一个名次增加 n。

3. 编写程序，将 3 行 4 列的二维数组中每一行的前 3 个元素一次拼接成一个整数，并将该整数存储到数组对应行中的最后一列。例如：

$$\begin{bmatrix} 12 & 123 & 1123 & 0 \\ 2 & 234 & 1234 & 0 \\ 3 & 345 & 12345 & 0 \end{bmatrix} \xrightarrow{\text{经处理后}} \begin{bmatrix} 12 & 123 & 1123 & 121231123 \\ 2 & 234 & 1234 & 22341234 \\ 3 & 345 & 12345 & 334512345 \end{bmatrix}$$

4. 定义函数 int del(int a[], int n)，删除数组 a 中的重复元素，并在主函数中分别输出原有元素和执行删除操作后的元素。其中，参数 n 为数组 a 中原有元素的个数，函数的返回值则为删除重复元素后 a 中的元素个数。

5. 设计函数 void getsubstring(char *s1, char *s2, int begin, int end)，提取源字符串 str1 中从 begin 位置开始到 end 位置（不包含 end 处的字符）结束的子串，并将提取的子串保存到 str2 中。

# 第6章 结构体与简单链表

## 6.1 知识点概要

### 6.1.1 结构体类型

定义结构体类型时使用的关键字是 struct，每个结构体类型都有自己的类型名，按照标识符的命名规则给结构体类型命名。一个结构体类型包括一个或几个数据项，每个数据项可以是基本数据类型，也可以是构造数据类型，这些数据项称为该结构体类型的成员。

定义结构体类型的一般格式如下：

```
struct 结构体名{
    成员表列
};
```

### 6.1.2 结构体类型的变量

1. 定义

说明结构体类型的变量有 3 种方法。

(1)先定义结构体类型，再用该类型名说明结构体变量。例如：

```
struct student{
    long int num;
    char sex;
    float CPPscore;
};
student a1,a2;
```

说明了两个结构体类型的变量 a1 和 a2。

(2)在定义结构体类型的同时说明变量。例如：

```
struct birthday{
    int month;
    int day;
    int year;
}b1,b2;
```

说明了两个 birthday 类型的变量 b1 和 b2。

(3)直接说明结构体类型变量。例如：

```
struct{
    int second;
    char sex;
}s1,s2;
```

该结构体类型没有定义类型名，s1 和 s2 是它的两个变量。

2. 初始化

在 C++程序中，可用 3 种方法对结构体类型变量进行初始化。

(1)在定义时进行初始化。例如：

```
struct stu{
    char sex;
    char name[20];
    float CPPscore;
}st1,st2={'F',"LiNin",80.5};
```

(2)用输入语句进行初始化。例如：

```
cin>>st1.sex>>st1.name>> st1.CPPscore;
```

(3)使用赋值语句进行初始化。例如：

```
st1.sex='F';
strcpy(st1.name, "LiNin");   //对字符数组赋值，要使用字符串处理函数
    st1.CPPscore=80.5;
```

3. 结构体与指针变量

通过指针变量引用结构体成员的格式如下：

```
(*p).成员名
```

或

```
p->成员名
```

例如：

```
struct stu{
    char sex;
    char name[20];
    float CPPscore;
}st3={'M',"LiLan",85};
stu *p;
p=&st3;
(*p). CPPscore=95;
p->CPPscore=95;
```

```
st3. CPPscore=95;
```

最后 3 条语句功能相同，都是对结构体类型变量 st3 中的成员 **CPPscore** 进行赋值操作。

4. 结构体数组

结构体是一个自定义的数据类型，因此可以定义结构体类型的数组，其使用形式符合数组的相关规定。结构体数组的每一个元素均是一个结构体类型的变量。例如：

```
struct STUDENT{
    int num;
    char name[10];
    float score;
} st[4] = { {1,"张强",98.5},{2,"王莉",82},{3,"陈可",73.5 },{4,"杨飞",75 }};
for(int i=0; i<4; i++)
    cout<<st[i].num<<'\t'<<st[i].name<<'\t'<<'\t'<<st[i].score<<endl;
```

### 6.1.3　动态空间

1. 动态空间的分配

在 C++中通过 new 运算符向系统动态申请内存空间。运算符 new 的运算结果是所申请的内存空间地址。可以定义一个指针变量来保存该地址。对所创建的变量，通过该指针来间接操作，而动态创建的变量本身没有名字。

用 new 运算符动态申请内存空间的格式有 3 种：

```
pointer = new type;
```

其中，pointer 是指针变量，动态空间分配不成功时，pointer=0；type 可以是基本数据类型或结构体类型等，指针变量的类型与 type 一致，例如：

```
int *pointer; pointer=new int;
pointer = new type(value);
```

其中，type 只能是基本数据类型，value 为所分配内存空间的初始化值。例如：

```
float * pointer;
pointer =new float(3.3);
pointer = new type [<表达式>]
```

为数组分配动态内存，例如：

```
char *pointer; pointer=new char[10];
```

2. 动态空间的释放

在 C++中，使用 delete 运算符释放动态申请的空间。delete 运算符一般格式如下：

```
delete 指针变量;        //释放单个变量空间
```

或

```
delete[ ]指针变量;        //释放整个数组空间
```

或

```
delete [数组长度]指针变量;        //释放确定长度的数组空间
```

### 6.1.4 简单链表

1. 链表的概念

链表是指将若干数据项(节点),通过数据内部指针连接起来的有序数据序列。

链表是通过前一个节点来"找到"下一个节点的,因此前一个节点中应保存下一个节点的地址信息,除了地址信息外,节点中还要保存所要处理的数据信息,所以链表的节点可以是同类型的结构体变量。

链表有单向链表、单向循环链表、双向链表、双向循环链表等,它们分别如图 6-1~图 6-4 所示。

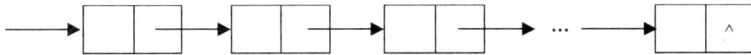

图 6-1　单向链表

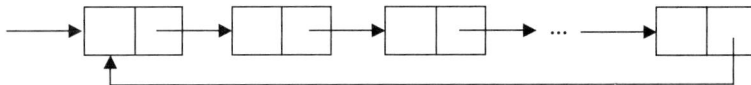

图 6-2　单向循环链表

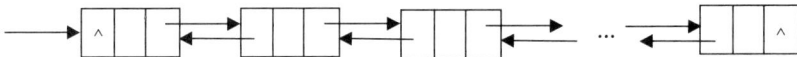

图 6-3　双向链表

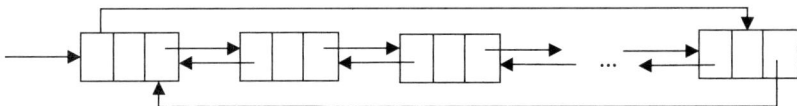

图 6-4　双向循环链表

2. 建立链表

建立一个链表,首先要定义一个指针变量 head 来存放链表的首地址。指针 head 的初值为 0,表示链表中没有节点,则为一空链表。然后不断用 new 运算符生成一个新的节点,将这个节点连入已有的链表尾部(新节点的 next 指针值为 0 表示链表尾),如果链表中没有节点,则这个新节点将是链首节点(将该节点的地址赋给指针 head),否则将新节点的地址赋给原有的尾节点的 next 指针。

关键语句如下:

```
struct node{
    int data;
    node *next;
```

```
};
node *head,*p;
head=0;
p=new node;
head=p;
```

### 3. 链表节点插入

插入一个链表节点是在生成一个新的节点之后，在给出的链表中找到要插入的位置，使插入点前驱节点的 next 指针指向新节点，新节点的 next 指针指向插入点的后继节点，如图 6-5 所示。

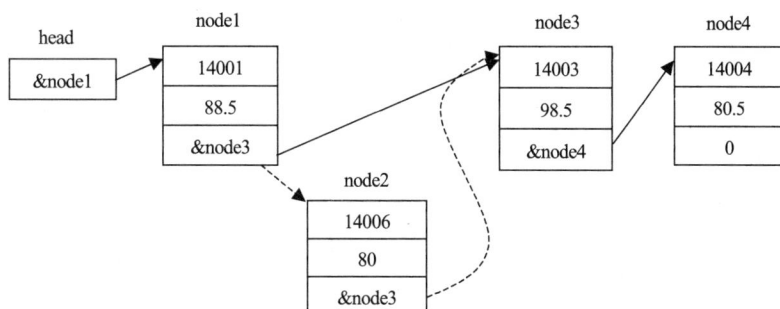

图 6-5 链表节点的插入

关键语句如下：

```
node *p1;
p1=head;
for(int i=1;i<n;i++)
    p=p- >next;
node *p=new node;
p->num=14006;
p->CPPscore=80;
if(n){
    p->next=p1->next;
    p1->next=p;
}
else {                        //插入的节点做第一个节点
    p->next=head;
    head=p;
}
```

### 4. 链表节点删除

删除链表节点时，首先查找要删除的节点，然后将要删除节点的前驱节点的 next 指针指向要删除节点的后继节点，如图 6-6 所示。如果要删除的节点是首节点，则将第二个节点的首地址作为新的链首地址返回，如果要删除的节点是链尾，则原链表倒数第二个节点成为新的链尾。由于链表的节点占用的是动态内存，被删除节点脱离链表后要释放内存。

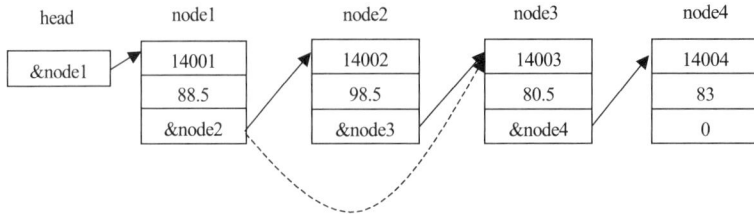

图 6-6 链表节点的删除

关键语句如下：

```
node *p2,*p1;
p2=head;
for(int i=1;i<n;i++) {    //查找第 n 个节点
    p1=p2;
    p2=p2- >next;
}
if(n==1)
    head=head->next;            //头指针指向第 2 个节点
else
    p1->next=p2->next;
delete p2;
```

# 6.2  典型例题解析

【例 6.1】设有如下结构体类型定义，则下列说法正确的是_____。

```
struct st1{              struct st2{
    int a,b ;                st1 s1;
    st1 s1;                  st2 *p ;
};                       }s3, s4;
```

A. st1 定义正确，st2 定义不正确　　B. st1、st2 定义都正确

C. st1 定义不正确，st2 定义正确　　D. st1、st2 定义都不正确

【答案】C

【解析】定义结构体类型时，其数据成员不能是该结构体类型的变量，但可以是该结构体类型的指针变量。

【例 6.2】以下对结构体的定义错误的是_____。

A. typedef struct aa{int m;float n;}AA;　　AA tt;

B. struct aa{int m;float n;}AA;　　aa tt;

C. struct {int m;float n;}aa;　　aa tt;

D. struct {int m;float n;}tt;

【答案】C

【解析】typedef 用于为已有的数据类型定义新的名称，即标识符 AA 是结构体类型 aa 的新名称，所以 A 选项正确。B 选项中的 AA 和 tt 是结构体类型 aa 的变量。C 选项定义时省略了结构体类型名，aa 是变量，不能作为数据类型定义变量 tt，所以不正确。

【例 6.3】分析下列程序，写出程序运行结果。

```
#include<iostream.h>
struct s1{
        int x,*y;
}*p;
void main()
{
        int a[4]={1,2,3,4};
        s1 b[4]={1,&a[0],2,&a[1],3,&a[2],4,&a[3]};
        p=b+2;
        cout<<*(p++->y)<<'\t';
        cout<<++(p->x);
}
```

【答案】3　　　5

【解析】指针变量 p 指向结构体类型 s1，语句"p=b+2;"使 p 指向结构体数组元素 b[2]。语句"*(p++->y);"中的自增运算符"++"是后缀形式，所以先引用了 b[2]的成员 y 的值，即 3，然后 p 自增，指向 b[3]。"++(p->x);"引用了 b[3]的成员 x 的值，即 4，并且作自增运算，所以输出 5。

【例 6.4】设链表节点的定义为"struct node { int a; node *next; };"，假设指针 p 已经指向链表的第二个节点，则可通过_____来取第五个节点的值。

【答案】p->next->next->next->a

【解析】指向链表节点的指针值存放在其前一个节点的成员指针 next 中(指向首节点的指针值除外)。所以，p->next 指向第三个节点，p->next->next->next 指向第五个节点。

【例 6.5】在以下程序中，函数 CreateLink 根据键盘输入的整数建立一条单向无序链表，链表上的每个节点包含一个整数；函数 SortLink 通过改变节点在链表中的位置将链表调整为一条有序链表；函数 PrintLink 将链表上的整数依次输出；函数 DeleteLink(node *head)将链表释放，请完善程序。

```
#include<iostream.h>
```

```
struct node{
    int data;
    node *next;
};
node *CreateLink(void)
{
    node *p1,*p2,*head=0;
    int a;
    cout<<" input  -1:  ";
    cin>>a;
    while(a!=-1){
        p1=new node;
        p1->data=a;
        if(head==0){
            head=p1;
            p2=p1;
        }
        else{
            ___①___
            p2=p1;
        }
        cout<<" input -1 : ";
        cin>>a;
    }
    p2->next=0;
    return (head);
}
void SortLink(node *&head)
{
    node *q,*tq,*p,*tp;
    int flag=0;
    if(!head) return;
    for(q=head,tq=0;q;q=q->next){
        for(tp=q,p=q->next;p; tp=p,p=p->next)
            if(q->data>=p->data){
                ___②___;
                p->next=q;
```

```
                              q=p;   p=tp;
                   }
          if(!tq)
               head=q;
          else
               tq->next=q;
          tq=q;
     }
}
void PrintLink(node *head)
{
     node *p=head;
     cout<<"output   :\n";
     while(p!=NULL){
          cout<<p->data<<'\t';
          ____③____;
     }
     cout<<"\n";
}
void DeleteLink(node *head)
{
     node *p1;
     while(head){
          p1=head;
          head=head->next;
          ____④____;
     }
}
void main(void)
{
     node *head=0;
     head=CreateLink();PrintLink(head);
     SortLink(head);
     PrintLink(head);
     DeleteLink(head);
}
```

【答案】①p2->next=p1   ②tp->next=p->next   ③p=p->next   ④delete p1

【解析】建立链表时，通过 while 循环来控制链表中节点的个数，在循环体中，要动态生成节点空间，新建立的第一个节点是链表的首节点，令头指针 head 指向它。当动态建立第二个节点后，将第一个节点和第二个节点连接起来，即第一个节点的指针项 next 保存第二个节点的地址，所以第一个空填 p2->next=p1。函数 SortLink 是通过移动每个节点的指针用选择法完成链表的升序排序。使 tp 指针指向当前要处理的节点，确定要插入的位置后，把要处理的节点跟它的新的后继节点连接起来，即 tp->next=p->next。第三个空是通过指针变量的移动完成链表的输出，即 p=p->next。第四个空完成释放节点的空间，即 delete p1。

【例 6.6】n 个人围成一圈，他们的序号依次为 1，2，…，n，从第一个人开始顺序报数 1，2，3，…，m，报到 m 者退出圈子。接着再顺序报数，直到圈子中只留下一个人。用一个有 n 个节点的环形链表模拟围成一圈的人，找出最后留在圈子中的人原来的序号。假设有 10 个人围成一圈，凡报到 5 者退出圈子，则退出圈子人的序号依次为 5、10、6、2、9、8、1、4、7，最后留在圈中的人是 3 号。单向循环链表的结构如图 6-7 所示，其中 head 指向第一个人。试编写程序完成该功能。

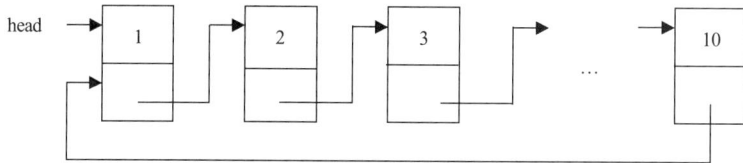

图 6-7 单向循环链表结构示意图

【解析】该程序首先要构造循环链表，循环链表的尾节点的指针项 next 不为空，要保存首节点的地址，通过循环，将数据项按照题目要求赋值为 1，2，3，…，10，指针 p 一直指向新建立的节点，当 p 指向尾节点时，将首节点的地址赋值给它的 next 项，即 p->next =head，完成循环链表的建立。然后定义函数依次输出循环链表中凡报到 m 者的序号，退出链表的节点并将其空间释放，处理到链表上只有一个节点为止，此时该节点就是最后留在圈中的人。因此循环结束的条件是 head == head->next，函数的返回值是头指针 head。题目要求报到 m 者退出圈子，因此要通过遍历链表找到满足条件的节点，令指针 p 指向该节点，然后将节点空间释放掉。

【程序】

```cpp
#include <iostream.h>
struct Node{
    int x;    //围成一圈时，人的序号
    Node *next;
};
Node * DelNode(Node *head, int m)          //依次输出循环链表中凡报到 m 者的序号
{   Node *p;
    int count;
    if(head==NULL)  return head;
```

```
    while( head != head->next){       //直到链表上只有一个节点
        count=0;
        while(count< m-2){
            count++;
            head = head->next;
        }
        p=head->next;                 //删除 p 所指向的节点
        head->next = p->next;
        head = head->next ;
        cout<<p->x<<endl;
        delete p;
    }
    return head;
}
void main(void)
//在主函数中，构造循环链表，调用 DelNode 函数依次输出报到 m 的人的序号
{   Node *head, *p;                   //输出最后留在圈中的人的序号
    int i;
    head = new Node;
    head->x = 1;
    head->next = NULL;
    p=head;
    for(i=2; i<=10; i++){
        p->next = new Node;   //新节点加入链尾
        p =p->next;
        p->x = i;
    }
    p->next =head;                    //构成循环链表
    head = DelNode(head, 5);
    cout << "最后的一个人为: " << head->x << endl;
}
```

## 6.3　习　　题

**一、选择题**

1. 下列定义正确的是_____。

A. struct s{int x;s y;}t;　　　　B. struct{int x;s *y;}t;

C. struct s{int x;float y;}s;　　　D. struct s{int x;float y;}t;

2. 设有以下说明语句，叙述不正确的是_____。

```
struct s{ int a; float b; }stu;
```

A. struct 是结构体类型的关键字　　　B. s 是结构体类型名

C. stu 是结构体类型名　　　　　　　D. a 和 b 都是结构体成员名

3. 若有定义 "struct student{int num; char name[8];}stu;"，则下列语句正确的是_____。

A. student.num=1;　　　　　　　　B. stu.num=1;

C. stu.name="Li";　　　　　　　　D. cin>>stu;

4. 下列说法正确的是_____。

A. 在程序中定义一个结构体类型，将为此类型分配存储空间

B. 结构体类型的成员名与该结构体的变量名可以相同

C. 结构体类型必须有名称

D. 结构体内的成员不可以是结构体变量

5. 某结构体变量定义如下，对此结构体变量成员的引用形式正确的是_____。

```
struct st{ int a,b; float x,y; }s1, *p; p=&s1;
```

A. s1->a　　　B. p->b　　　C. p.x　　　D. *p.y

6. 下面对结构体数据类型的叙述中，_____是错误的。

A. 结构体类型的变量可以在说明结构体类型后定义，也可在说明时定义

B. 结构体可由若干成员组成，各成员的数据类型可以不同

C. 定义一个结构体类型后，编译程序要为结构体的各成员分配存储空间

D. 结构体变量的各成员可以通过结构体变量名和指向结构体变量的指针引用

7. 根据下面的定义，下列语句能实现打印出字母 M 的语句是_____。

```
struct person{char name[10]; int age; };
struct person class[10]={"John", 17, "Paul", 19, "Mary", 18, "Adam", 16};
```

A. cout<<class[3].name;　　　　　B. cout<<class[3].name[1];

C. cout<<class[2].name[1];　　　　D. cout<<class[2].name[0];

8. 下列关于 new 运算符的叙述不正确的是_____。

A. 使用运算符 new 创建对象时必须定义初始值

B. 使用运算符 new 创建对象时会调用类的构造函数

C. 运算符 new 可以用来动态创建对象和对象数组

D. 使用运算符 new 创建的对象可以使用运算符 delete 撤销

9. 以下引用的定义正确的是_____。

A. int &j=new int;　　　　　　　　B. int &j=new int;j=10;

C. int &j=*new int(10);　　　　　　D. int &*j=new int;

10. 下列选项中，动态内存申请不正确的是_____。

A. int *p=new int;　　　　　　　　B. char *p=new char('A');

C. float *p=new float [6];　　　　　　　D. int *p=new int[4]={1,2,3,4};

11. 设有定义"int *p=new int [5];"，则下列释放动态内存的语句不正确的是_____。

A. delete p;　　　　B. delete [ ]p;　　　C. delete [5]p;　　　D. delete *p;

12. 有以下结构体说明和变量的定义，且指针 p 指向变量 a，指针 q 指向变量 b，则不能实现把节点 b 连接到节点 a 之后的语句是_____。

```
struct node{char data;node *next;} a,b,*p=&a,*q=&b;
```

A. a.next=q;　　　B. p.next=&b;　　　C. p->next=&b;　　D. (*p).next=q;

13. 下列对链表的描述正确的是_____。

A. 存储空间不一定连续，且各节点的存储顺序是任意的

B. 存储空间不一定连续，且前驱节点一定存储在后继节点前面

C. 存储空间必须连续，且前驱节点一定存储在后继节点的前面

D. 存储空间必须连续，且各节点的存储顺序是任意的

14. 下列关于链表的叙述正确的是_____。

A. 各数据节点的存储空间可以不连续，但它们的存储顺序必须一致

B. 各数据节点的存储顺序可以不一致，但它们的存储空间必须连续

C. 进行插入与删除时，不需要移动表中的元素

D. 以上 3 种说法都不对

15. 数组的顺序存储结构和链表的链式存储结构分别是_____。

A. 顺序存取的存储结构、顺序存取的存储结构

B. 顺序存取的存储结构、随机存取的存储结构

C. 随机存取的存储结构、随机存取的存储结构

D. 任意存取的存储结构、任意存取的存储结构

16. 链表不具有的特点是_____。

A. 不必事先估计存储空间　　　　　　B. 可随机访问任一节点

C. 插入、删除节点时不需要移动元素　D. 所需空间与链表长度成正比

17. 非空的循环单链表 head(指向首节点)，其尾节点(由 p 所指向)满足_____。

A. p->next==NULL　　　　　　　　　B. p==NULL

C. p->next=head　　　　　　　　　　D. p=head

18. 以下关于链表与数组的说法不正确的是_____。

A. 链表相邻节点所占的内存并不一定相邻，所以用指针访问链表的下一个节点时，不能像访问数组元素那样用指针自增的方法实现

B. 数组的每个元素是一种基本类型的数据，而链表的节点可以存放不同类型的数据

C. 对链表中节点的访问要通过链表的其他节点来实现，而对数组元素的访问可以直接指定其下标

D. 数组定义好后其长度是不可改变的，链表则不然

## 二、填空题

1. 一个结构体变量所占的内存长度为_____。

2. 设有结构体定义"struct node{int x;node *link;};"，则为该结构体定义一个名为 NODE 的类型可使用语句___①___实现，通过该类型名再定义新的结构体变量 s1 和 s2 可使用语句___②___实现。

3. 程序中使用 new 运算符动态分配的内存空间，必须用_____来释放。

4. 通过使用 new 和 delete 两个运算符进行的分配为_____存储分配。

5. C++语言中关键字运算符有 sizeof 和_____。

6. 设已建立一条单向链表，节点的数据结构为"struct Node{int data; Node *next;};"，如果指针 p 指向链表中的某个节点，则该节点为倒数第二个节点的条件为·_____。

7. 设指针变量 head 为某链表的头指针，该链表节点使用了如下结构体定义：

```
struct node {
    int x;
    node *next;
};
```

则指针变量 p 所指向的节点为链表首节点的条件是___①___，p 所指向的节点为链表尾节点的条件是___②___。设指针 p0 指向 p 所指向的节点的前驱节点，则删除节点 p 的操作依次为___③___和___④___；在 p0 和 p 之间插入节点 p1 的操作是___⑤___和___⑥___。

8. 分析下列程序，写出程序运行结果。

```
#include<iostream.h>
struct s1{
    int num;
    char name[8];
    int age;
    struct date{
        int month;
        int day;
        int year;
    }birthday;
};
void main()
{
    s1 s2={1,"LI",20,12,31,2012};
    cout<<s2.birthday.year<<"\n";
}
```

以上程序的输出结果是_____。

9. 分析下列程序，写出程序运行结果。

```cpp
#include<iostream.h>
struct node {
        int k;
        node*link;
};
void main()
{
        node m[5],*p=m,*q=m+4;
        int i=0;
        while(p!=q) {
                p->k=++i;p++;
                q->k=i++;q--;
        }
        q->k=i;
        for(i=0;i<5;i++)
        cout<<m[i].k<<'\t';
}
```

以上程序的输出结果是_____。

10. 分析下列程序，写出程序运行结果。

```cpp
# include<iostream.h>
void main()
{
    struct student {
        int a, b;
        char str1[4];
    } st1[5]={1, 2, 'a', 'b', 'c', 'd', 'e', 'f', 'g', 'h'};
    cout<<st1[1].str1<<'\n';
}
```

以上程序的输出结果是_____。

11. 以下程序的功能是：用比较计数法对结构体数组 a 按成员 num 进行排序。其算法的基本思想是：通过成员 con 记录 a 中小于某一特定关键字的元素的个数，待算法结束，a[i].con 就是 a[i].num 在 a 中的排序位置。在空格处填上适当的语句，使其能正确运行。

```cpp
#include <iostream.h>
#define N 8
struct c{
```

```
        int num;int con;
    }a[16];
void main(void)
{
    int i,j;
    for(i=0; i<N; i++){
        cin>>a[i].num;
        _____①_____ ;
    }
    for(i=N-1;i>=0;i--)
        for(j=N-1;j>=0;j--)
            if (a[i].num<a[j].num)
                _____②_____ ;
            else
                _____③_____ ;
    for (i=0; i<N; i++)
        cout<<a[i].num<<'\t'<<a[i].con<<'\n';
}
```

12. 以下程序的功能是：将两个有序链表(降序排序)合并为一个有序链表，函数 merge(node *h1,node *h2)将由 h1 和 h2 分别指向的已排序的两个链表合并为一个依然有序的链表。注意：数据大小相同的节点都要保留在合并后的链表上。主函数产生两个已降序排序的链表，并输出合并后链表上的数据值。在空格处填上适当的语句，使其能正确执行。

例如：原链表上各节点的数据依次如下：

h1: 15, 9, 8, 7, 3

h2: 15, 12, 10, 7, 3, 2

合并后得到的新链表为 15, 15, 12, 10, 9, 8, 7, 7, 3, 3, 2

```
#include<iostream.h>
struct node{
    int data;
    node*next;
};
node *merge(node *h1,node *h2)
{
    if(h1==NULL) return h2;
    if(h2==NULL) return h1;
    node *h=NULL;
    if(_____①_____){
```

```
        h=h1;
        h1=h1->next;
    }
    else{
        h=h2;
        h2=h2->next;
    }
    node *p=h;
    while(____②____){
      if(h1->data >=h2->data){
            p->next=h1;
            p=h1;
            h1=h1->next;
        }
        else{
            p->next=h2;
            p=h2;
            h2=h2->next;
        }
    }
    if(h1 !=NULL)
        ____③____;
    else
        if(h2!=NULL)
            p->next=h2;
    return h;
}
void main(void)
{
    node a[5]={{15},{9},{8},{7},{3}};
    node b[6]={{15},{12},{10},{7},{3},{2}};
    node *h,*h1,*h2,*p;
    int i;
    h1=a;
    h2=b;
    for(i=0;i<4;i++) a[i].next=&a[i+1];     //形成 a 链表
    a[4].next=NULL;
```

```
    for(i=0;i<5;i++) b[i].next=&b[i+1];  //形成 b 链表
    b[5].next=NULL;
    ____④____;
    p=h;
    while(p){
        cout<<p->data<<'\t';
        p=p->next;
    }
    cout<<endl;
}
```

13. 以下程序的功能是：先产生一条带头节点(链表的第一个节点不存储数据，而是存储链表的表长，即节点个数)的无序链表，每个节点包含一个整数；然后将该链表分成两条带头节点的链表：一条链表上的数据均为偶数，另一条链表上的数据均为奇数。函数 Create 创建了一条带有头节点的单链表。函数 Print 输出链表上各节点的值。函数 Split 把链表分割成两条链表，值为奇数的节点保留在原链表上，值为偶数的节点移到另一个链表中，并将指向偶数链表的头指针返回。在空格处填上适当的语句，使其能正确运行。

```
#include <iostream.h>
struct Node{
    int data;
    Node *next;
};
Node *Create(void)    //创建一条带有头节点的单向链表
{   Node *p1,*head;
    int a;                    //创建头节点,头节点的数据域存储链表的节点个数
    head=new Node;
    head->data=0;head->next=0;
    cout<<"创建一条无序链表,请输入数据,以-1 结束,\n";
    cin>>a;
    while(a!=-1){
        p1=new Node;
        p1->data=a;p1->next=head->next;
        ____①____;
        head->data++;
        cin>>a;
    }
    ____②____;
}
```

```
void Print(Node *h)
{   h=h->next;
    while(h){
        cout<<h->data<<" ";
        h=h->next;
    }
    cout<<endl;
}
Node *Split(Node *&link)   //link 是一个带头节点的单链表
{    Node *p1=link,*p2=link->next,*head;
     head=new Node;
     head->data=0;head->next=0;
     while(p2){
         if(p2->data%2==0){
                p1->next=p2->next;
                link->data--;
                p2->next=head->next;
                ___③___;
                head->data++;
                p2=p1->next;
         }
         else{
             p1=p2;
             ___④___;
         }
     }
   return(head);
}
void main(void)
{   Node *h1,*h2;
    h1=Create();
    cout<<"输入的链表为: "<<endl;
    Print(h1);
    h2=Split(h1);
    cout<<"分割后的奇数链表为: "<<endl;
    Print(h1);
    cout<<"分割后的偶数链表为: "<<endl;
```

```
    Print(h2);
}
```

14. 以下函数的功能是：建立一个单向链表。函数 push(int x)在链首位置插入一个新节点，该新节点上的数据为 x。函数 pop 从链中取下链首节点，并返回该节点上的数据。若链表无节点，则函数 pop 返回 0，请完善程序。

```
struct Node{
    int data;
    Node *next;
};
Node *top=0;
void push(int x){
    Node *p=_____①_____;
    p->data=x;
    _____②_____;
    top=p;
}
int pop(void){
    int t=0;
    Node *p=top;
    if(p){
        top=_____③_____;
        t=p->data;
        _____④_____;
    }
    return t;
}
```

15. 以下程序的功能是：输入一行字符串，并统计字符串中各种字符出现的次数。算法提示：先输入一个字符串，对字符串中的每一个字符，先到链表上逐个查找节点，若找到该字符的节点，则在该节点的计数器 count 上加 1，否则，为该字符产生一个节点，并插入链首，最后输出链上的每个字符及其次数。在空格处填上适当的语句，使其能正确运行。

```
#include<iostream.h>
struct node{
    char c;
    int count;
    node *next;
};
```

```
#define ND struct node
#define NP struct node *
void print(NP h)
{
    while(h){
        cout<<"字符"<<h->c<<"的次数为： "<<h->count<<'\n';
        h=h->next;
    }
}
NP search(NP h , char ch)
{
    NP p;
    p=h;
    while(      ①      ) {
        if(p->c==ch) {
            p->count++;
                ②      ;
        } else
            p=p->next;
    }
    if(p==NULL) {
            ③      ;
        p->c=ch;
        p->count=1;
            ④      ;
        h=p;
    }
    return h;
}
void main( )
{
    char s[300] , *p=s;
    NP h;
    char c;
    cout<<" 请输入一个字符串： ";
    cin.getline(s , 300);
    h=NULL;
```

```
while(c=*p++)
    h=search(h , c);
print(h);
}
```

16. 以下函数的功能是：将链表逆序，即将链表头当成链表尾，将链表尾当链表头。
提示：设 p1 和 p2 分别指向链表的相邻点，逆序从链表头部开始处理，处理方法是将原
来的 p1->next 中存放 p2 的地址改为 p2->next 中存放 p1 的地址，请完善程序。

```
node *reverse(____①____)
{   node *p1=0,*p2=h,*temp,*h2=h;
    while(____②____) h2=h2->next;        //使 h2 定位原链表尾
    while(p2!=h2){
    temp=p2->next;
        p2->next=p1;
    p1=p2;
    p2=____③____;
    }
    h2->next=p1;
    return ____④____;
}
```

17. 下面程序的功能是：首先，成员函数 build 建立一条无序链表，由成员函数 print
输出无序链表中各节点的值；再由成员函数 sort 对已建的链表根据链表节点值的大小按
升序进行排序，由成员函数 print 输出有序链表中各节点的值。在空格处填上适当的语句，
使其能正确运行。

```
#include <iostream.h>
struct Node{
        double num;
        Node *next;
};
Node* build(void)
{
        Node *h,*p,*p1;
        double x;
        h=0;
        cout<<"输入一个实数,以 0 结束:";
        cin>>x;
        while(x!=0){
```

```
                p=new Node;
                p->num=x;
                if(h==0) h=p1=p;
                else{
                    _____①_____;
                    p1=p;
                    }
                cout<<"输入一个实数,以 0 结束:";
                cin>>x;
            }
        p->next=0;
        return h;
}
Node* sort(Node*h)
{
        if(h==0) return h;
        Node *h1,*p;
        h1=0;
        while(h){
            p=h;
            _____②_____;
            Node *p1,*p2;
            if(h1==0){
                h1=p;
                p->next=0 ;
            }
            else if(h1->num>=p->num){
                _____③_____;
                h1=p;
            }
          else{
                p2=p1=h1;
                while(p2->next && p2->num<p->num){
                    p1=p2;p2=p2->next;
                }
                if(p2->num<p->num){
                    p2->next=p ;
```

```
                        p->next=0;
                    }
                    else{
                        p->next=p2;p1->next=p;
                    }
                }
        }
        h=h1;
        return h;
}
void print(Node *h)
{
    Node *p=h;
    while(p){
        cout<<p->num<<'\t';
        _____④_____;
    }
    cout<<'\n';
}
void deletechain(Node *h)
{
        Node *p;
        while(h){
            p=h;
            h=h->next;
            delete p;
        }
}
void main(void)
{
        Node *h;
        h=build();
        cout<<"排序前的链表为:";
        print(h);
        h=sort(h);
        cout<<"\n 排序后的链表为:";
        print(h);
```

```
        deletechain(h);
    }
```

18. 下面程序的功能是：首先建立一条链表，顺序从链表中找到 data 为最大值的节点，从链表中删除该节点，并将其值返回，最终删除整个链表，同时得到按降序排序的数组 x。其中，函数 Insezrt(int a, node *head) 的功能是：用参数 a 产生一个新节点，将其插入链首，并返回链首指针。函数 DeleteMax(node *&head) 的功能是：从 head 所指向的链表中找到 data 值最大的节点，从链表中删除该节点，并将其值返回。在空格处填上适当的语句，使其能正确运行。

```
#include<iostream.h>
struct node{
        int data;
        node *next;
};
node *Insert(int x,node *head)
{
        node *p=new node;
        p->data=x;
        _____①_____ ;
        head=p;
        return (head);
}
int DeleteMax(node *&head)
{
        node *p1,*p2,*pmax,*pmax1;
        int max;
        p1=p2=head;
        if(!head) return -1;
        max=p1->data;
        pmax=p1;
        while(p1){
                if(max<p1->data){
                        max=p1->data;
                        pmax=p1;
                        pmax1=p2;
                }
                p2=p1;
                _____②_____ ;
        }
```

```
        if (pmax==head)
            head=head->next;
        else
            ___③___ ;
        delete pmax;
        return max;
    }
void main(void)
{
        int a;
        int x[200], count=0;
        node *head=0;
        cin>>a;
        while(a!=-1){
            head=Insert(a,head);
            cin>>a;
        }
        while(head){
            x[count]=___④___ ;
            count++;
        }
        for (int i=0; i<count; i++)
            cout<<x[i]<<'\t';
        cout<<endl;
    }
```

## 三、编程题

1. 在主函数中建立一个链表，函数 fun 的功能是将链表上各节点成员 data 的值为偶数的节点依次调到链表的前面。算法思想是：根据节点的值把原链表分为奇偶数两个链表，然后将两个链表拼接在一起，在主函数中输出拼接后的链表。

2. 建立一条无序链表。链表的每个节点包括学号、姓名、C++成绩、数学成绩、英语成绩。定义一个函数完成建立链表的工作，一个函数用于输出链表的各节点的值，一个函数用于释放链表的节点占用的动态存储空间。求出总分最高和最低的学生并输出该名学生的相关信息。

3. 建立一条单向链表，其中链表的每个节点包括产品名称、产品类别。对链表中的节点按照产品类别进行分类，将同类别产品的节点放在一起。具体实现过程为：依次从已经建立的单向链表上取下一个节点，根据该节点的产品类别值将其插入新的链表中。

4. 建立一条单向链表，其中链表的每个节点包括一个整型值 data，根据 data 值的大小调整链表中节点的位置。链表中节点 data 值小于变量 x 值的，放在链表的前半部分，大于 x 值的放在链表的后半部分，并将 x 值插入这两部分节点之间。

5. 利用 C++的结构体数组实现学生通讯录处理功能，具体要求如下。

(1)结构体数组的元素应包括学生的学号、姓名、电话、宿舍号等信息。

(2)通讯录应能实现数据输入、输出、查询(按姓名、学号、电话、宿舍号查询)、排序(按姓名、学号、电话、宿舍号排序)等功能。各功能尽可能用一个或几个函数实现。

(3)程序主界面可以在以下主菜单中展开。程序输入各菜单序号后执行相应的功能，每个功能完成之后应返回主菜单。

# 6.4 实验内容与指导

【实验目的】

1. 掌握结构体类型指针变量的使用方法。

2. 掌握链表建立、输出、删除节点和插入节点等基本操作。

3. 掌握用链表解决实际问题的方法，如链表的排序、合并等。

【实验内容】

1. 编程定义函数 create 根据键盘依次输入的整数建立一条单向无序链表，链表上的每个节点包含一个整数；函数 sort 根据链表节点的数据 data 按从小到大的顺序将链表调整为一条有序链表；函数 print 将链表上节点的数据 data 依次输出；函数 del 将链表删除。

2. 建立一条单向链表，将链表上相邻的两个节点合并成一个节点，即将第 1 个节点与第 2 个节点合并，第 3 个节点与第 4 个节点合并，以此类推。若链表上节点个数为奇数，则最后一个节点不合并。

【实验指导】

1. 排序算法提示如下。

(1)初始时，使指针变量 p 指向链表的首节点。

(2)从 p 之后的所有节点中找出 data 值最小的节点。

(3)让指针变量 p1 指向该节点，并将 p 指向节点的 data 值与 p1 指向节点的 data 值进行交换，让 p 指向下一个节点。

(4)重复第(2)步和第(3)步，直至 p 指向链表的最后一个节点。

2. 算法提示：初始时，使指针变量 p1 指向链表的首节点，p2 指向它的后继节点。将 p1 所指向节点的 data 值与 p2 所指向节点的 data 值相加。保存在 p1 所指向节点的 data 成员项中。p1 指向第三个节点，p2 指向它的后继节点，即第四个节点。两节点的 data 值相加，以此类推，直至 p2 为空。

# 第7章 类 和 对 象

## 7.1 知识点概要

### 7.1.1 类和对象

1. 类的定义

类的定义包括数据成员和处理这些数据的函数，并且类中的数据和函数都有一定的访问权限（private、public 或 protected）。类的一般定义格式如下：

```
class <类名> {
    public:
            <成员数据或成员函数说明>；
    private:
            <成员数据或成员函数说明>；
    protected:
            <成员数据或成员函数说明>；
};
```

其中，class 是关键字，private、public 和 protected 为限定成员数据和函数的访问权限的关键字。

用 public 限定的成员称为公有成员，对公有成员的访问没有限制，在类体内部和外部都可以使用公有成员数据和调用公有成员函数。

用 private 限定的成员称为私有成员。私有成员仅限于类体内使用，即只可以在该类内部使用和调用私有成员函数。

用 protected 限定的成员称为保护成员，保护成员仅限于类体内以及该类的派生类内使用。即只能在该类体内部或该类的派生类内部使用和调用保护成员函数。

类的成员的缺省访问权限为私有类型。当指定一个访问权限后，此后的数据与函数均具有该访问权限，直至重新指定另一种访问权限。3 个不同访问权限的说明次序不是固定的，并且每个访问权限可以说明多次。

定义一个类，实际上只是定义了一种新的数据类型，系统并不为其成员数据分配内存空间，所以定义类时不能对其成员数据初始化，也不能使用 extern、auto 或 register 限定其存储类型。可以使用 static 类型，但其含义是所有由该类生成的对象的静态数据成员均共享同一个内存空间，因而同一类的所有对象的同名的静态成员数据均是同一个。

2. 类与结构体类型

从类的定义形式可以看出，类与结构体有很大的相似性。结构体中可以定义成员函数，同时也可以限定其成员的访问特性。但结构体成员的缺省访问特性是公有的，而类的缺省访问特性是私有的。因为结构体的缺省公有访问特性不像类的缺省私有特性那样突出数据的封装，所以结构体常用于数据描述，而类常用于事件的描述。

3. 内联成员函数

在类体中定义的函数具有内联特性，也可以只在类体中给出类的成员函数的原型说明，而将其定义放在类体外，但在类体外定义类的成员函数时，必须用作用域运算符 "::" 说明该函数属于哪个类。在类体外说明的类的成员函数只有加上关键字 inline 才能说明为内联函数。

4. 声明对象

对象是类的实例，只有对象才能表示具体的事物。在定义对象之前，应该有已定义的类。

与普通变量一样，对象也必须先说明后使用。与结构体类似，由类说明对象的方法有 3 种：先定义类再说明对象、定义类的同时说明对象、不定义类而只通过类的组成说明对象。

对于类的公有成员数据，可以在说明对象的同时给出数据列表对其成员数据进行初始化，但这种方法不能用于私有或保护成员数据。

5. 对象的使用

对象的使用与结构体变量类似，要使用对象的非静态成员数据或调用对象的非静态成员函数，必须用成员运算符 "•" 说明该成员属于哪个对象。关于对象的使用，还必须注意以下几点。

(1)用成员运算符只能访问对象的公有成员数据或成员函数，要访问对象的私有成员数据或调用私有成员函数，只能通过对象的公有成员函数间接实现。

(2)同类型的对象间可以整体相互赋值，不同的类的对象之间不能直接相互赋值。

(3)对象作为函数的参数时，属于值传递。函数也可以返回一个对象。

(4)一个类的对象可以作为另一个类的成员，但要使用包含于对象中的对象的成员必须使用两重成员运算符。例如，设 a1 为类 A 的对象，b1 为类 B 的对象，则 b1.a1.a 可表示对象 b1 的成员对象 a1 的成员数据 a。

(5)可以定义类类型的指针、类类型的引用、对象数组、指向类类型的指针数组等。

6. 成员函数的重载与缺省参数

类中的成员函数除析构函数外，其他成员函数与普通函数一样，既可以重载，也可以带缺省参数。

7. this 指针

在类体外引用类的成员时，一般要指明该成员属于哪一个对象，但在类体内可以直接引用类的成员。在类体内的非静态成员函数中引用类的成员时，系统提供了一个名为 this 的指针来指向正在被引用的对象，这个指针是由系统自动提供并隐含使用的，所以在类体内可以直接引用其成员。

this 指针是一个常量，在程序中不可改变它的值，它总是指向正在使用的对象。正常情况下它由系统自动提供,但有时必须显式地使用它。

### 7.1.2 构造函数

在产生对象时,对对象的数据成员进行初始化的方法有两种:①使用初始化数据列表的方法,这种方法只能对类的公有成员数据初始化,而不能对私有的或保护的数据成员进行初始化;②通过构造函数来实现对象成员的初始化。

1. 构造函数

构造函数是类产生对象时由系统自动调用的成员函数,其函数名与类相同,且没有返回值类型,其功能是实现对象成员数据的初始化。

一个类可以定义一个构造函数,也可以定义若干构造函数。当定义多个构造函数时,必须满足函数重载的原则。

若定义的类要说明该类的对象,构造函数必须是公有成员函数。如果定义的类仅用于派生其他类,则可将构造函数定义为保护的成员函数。

在定义对象时,如果不提供对象的初始化参数,则不应在对象名后加括号,否则是说明一个具有类类型返回值的没有参数的函数原型。

2. 缺省的构造函数

在定义类时,如果没有定义类的构造函数,则系统自动生成一个缺省的构造函数,它是一个没有参数也不执行任何操作的空函数。如果定义的构造函数没有参数或各参数均有缺省值,这种构造函数也是缺省构造函数。声明对象时如果不提供参数,则系统自动调用类的缺省的构造函数。尽管类的构造函数可能有多个,但其缺省构造函数只能有一个,否则系统不知调用哪个缺省的构造函数。

3. 用构造函数实现强制类型转换

在声明类的对象时,可以通过类的构造函数将一个数据列表直接强制转化为一个对象,然后再对类的对象进行赋值。特别地,当构造函数只有一个参数时,可以直接将单个的数据进行自动类型转换。

4. 实现拷贝功能的构造函数

在声明对象时,可以用一个相同类型的对象(同一个类生成的对象)来初始化。

一般情况下,实现拷贝功能的构造函数不需要程序员定义,但是,在产生对象时如果复制对象的成员数据使用了动态内存,则必须在类中显式地定义这个实现拷贝功能的构造函数。

5. 构造函数和对象成员

一个类的成员数据可以是一个对象,并且在类的构造函数中对其成员进行初始化时,该对象的初始化一定会通过调用该对象所属类的构造函数完成。

6. 构造函数和 new 运算符

在程序中可以用 new 运算符为对象动态分配内存,在用 new 运算符动态地建立对象时,系统根据提供的成员数据情况调用相应的构造函数。如果不提供成员数据的初始值,则系统调用缺省的构造函数。

在类的成员中有指针类型的数据时，在类的构造函数中应考虑成员指针是否指向确定的内存空间，如果没有，则应用 new 运算符为其分配内存空间。

### 7.1.3 析构函数

与构造函数相对应，析构函数是在撤销对象时由系统自动调用的类的成员函数，其函数名也是固定的，是在类名前加一个"~"符号。析构函数没有参数，也没有返回值类型，所以每个类只有一个析构函数，析构函数不允许重载。

由于析构函数是在撤销对象时由系统自动调用的，所以在析构函数内要终止程序的运行时不应使用函数 exit，而应使用函数 abort；因为函数 exit 要做程序终止前的结束工作，所以必然要调用析构函数，从而造成无休止的循环调用，而 abort 函数不存在这个现象。

一般来说，定义类时可以不定义析构函数，系统会在编译时自动生成一个缺省的析构函数，它是一个空函数，什么事情也不做。但如果类的成员使用了动态内存，则应该在析构函数中释放它。

### 7.1.4 常成员与常对象

类的封闭性为数据的安全提供了保障，但各种形式的数据共享(如友元函数、友元类等)又不同程度地破坏了这种数据安全。因此，对于那些既需要共享，又需要保护的数据，C++提供了"常量"形式的保护。如果在定义类或声明类的对象时用关键字 const 修饰类的成员或对象，则这些类的成员或对象被说明为常成员或常对象，它们在程序运行期间是不可改变的。

1. 常数据成员

如果在说明类的数据成员时加以关键字 const，则该成员为类的常数据成员。除静态常数据成员以外，类的常数据成员只能在类的构造函数中通过初始化列表的方式初始化，不能在构造函数或其他成员函数体中通过赋值的形式初始化。类的静态常数据成员只能在类外定义时初始化。在对象的生存期间，对象的常数据成员只能被读取，不能被修改。

2. 常成员函数

用关键字 const 说明的成员函数称为常成员函数，常成员函数的原型说明如下：

类型  函数名(参数表)const;

定义和使用类的常成员函数需注意以下几点。

(1)关键字 const 加在函数头部的最后，而不是加在最前面。如果加在最前面，则表示函数的返回值是一个常量。

(2)关键字 const 是函数类型的一个组成部分，因此在常成员函数原型说明和定义时该关键字均不可省略。

(3)常成员函数不能修改本类的数据成员，也不能调用其他非常成员函数。

(4)关键字 const 可以和函数参数表一样作为函数重载时区分不同函数的标志。在这种情况下，重载的原则是，常对象调用常成员函数，一般对象调用一般成员函数。

3. 常对象

常对象的说明与普通常变量的定义类似，其定义形式如下：

或

类名 const 对象名;

const 类名 对象名;

在 C++中，常对象定义时必须初始化，并且其数据成员在常对象的生存期不允许被改变。通过常对象，只能调用类的常成员函数，不能调用类的其他非常成员函数。

# 7.2　典型例题解析

【例 7.1】下列关于类的说法不正确的是_____。

A. 类可以看做一种新的数据类型

B. 在类体外不能直接访问类的私有成员

C. 在类体外不能直接访问类的保护成员

D. 在类体外不能直接访问类的公有成员

【答案】D

【解析】类的私有成员仅限于在类体内使用，类的保护成员仅限于在类体内以及该类的派生类内使用。

【例 7.2】关于类的成员函数，下列说法不正确的是_____。

A. 除析构函数外，类的成员函数均可以重载

B. 除析构函数外，类的成员函数可以带缺省参数

C. 类的成员函数一定是内联函数

D. 类的成员函数可以在类体内定义，也可以在类体外定义

【答案】C

【解析】类的成员函数可以重载，也可以带缺省参数；在类体内定义的成员函数具有内联特性，但只有用 inline 限定的在类体外定义的类的成员函数才具有内联特性。

【例 7.3】关于类的成员数据，下列说法正确的是_____。

A. 类的成员数据必须为私有特性

B. 说明类的成员数据时可以直接赋初值

C. 不可以指定类的成员数据的存储类型

D. 类的所有对象的静态成员数据值均相同

【答案】D

【解析】类的成员数据可以为任何访问类型，但由于定义类时系统并不给类分配存储空间，所以定义类时不可以给成员数据赋初值，且不可以指定类的成员数据的存储类型为 extern、auto 或 register，但如果指定其成员数据的存储类型为 static，则表示由该类生成的所有对象的具有 static 存储类型的成员数据均共享相同的内存空间。

【例 7.4】关于类的缺省的构造函数，下列说法正确的是_____。

A. 类的缺省构造函数没有参数

B. 类的缺省构造函数是由系统自动产生的空的构造函数

C. 每个类只能有一个缺省的构造函数

D. 每个类均有且只有一个缺省的构造函数

【答案】C

【解析】在说明对象时如果不提供参数，则系统自动调用类的缺省的构造函数来产生对象，所以每个类只能有一个缺省的构造函数。如果类的构造函数没有参数，则该构造函数为缺省的构造函数；如果为类定义的构造函数的参数全部具有缺省值，则该构造函数也是缺省的构造函数。如果定义对象时不为类定义任何构造函数，则系统将自动产生一个隐含的空的缺省构造函数。一旦为类定义了构造函数，系统就不再为类自动产生缺省的构造函数。

【例 7.5】通常实现拷贝功能的构造函数的参数是_____。

A. 某个对象名　　　　　　　　B. 某个对象的成员名

C. 某个对象的引用名　　　　　D. 指向某个对象的指针名

【答案】C

【解析】由于对象作为函数的参数时属于值传递，为了避免因指针等数据成员而引起的内存上的混乱，所以实现拷贝功能的构造函数的参数一般是某个对象的引用。

【例 7.6】对于以下类的说明：

```
class A{
        int a;
    public:
        A(int x=10)
        {a=x;}
};
```

下列说明类 A 的对象的方法不正确的是_____。

A. A a1;　　　　　　　　　　B. A a2();

C. A a3(10);　　　　　　　　D. A a4=5;

【答案】B

【解析】如果调用类的缺省构造函数产生对象，则对象名后不可加括号，题中 B 选项是返回值为 A 类型对象的函数的原型说明。D 选项是调用了隐含的类的实现类型转换的构造函数的简化形式，只有一个参数的实现类型转换的构造函数才可以使用这种形式。

【例 7.7】以下程序是类的对象作为类的成员的例子：

```
#include <iostream.h>
class A{
        int a;
```

```
    public:
        A(int x=10)
        { a=x;}
        int geta( )
        { return a;}
};
class B{
        int b;
    public:
        B(int x)
        { b=x;}
        int getb( )
        { return b;}
};
class C{
        int c;
        A a1;
        B b1;
    public:
        C(int x,  int y,  int z):a1(y), b1(z)        //A
        { c=x;}
        void print( )
        { cout<<a1.geta( )<<'\t'<<b1.getb( )<<'\t'<<c<<'\n';}
};
void main( )
{  C c1(5, 10, 15);
   c1.print( );
}
```

程序中 A 行为类的构造函数的形式,将该行改成_____选项便会出现编译错误。

A. C(int x,int y,int z):a1(z), b1(y)

B. C(int x,int y):b1(y)

C. C(int x,int y):a1(y)

D. C(int x):a1(x), b1(x)

【答案】C

【解析】如果一个类的成员含有某个类的对象,则对该对象成员的初始化必须调用对象成员的构造函数,其调用形式在类的构造函数的定义中以列表的形式标明。如果不标明对象成员的构造函数的调用形式,则表明其对象成员的初始化调用了该类的缺省构造函数(如程序中的 A 行)。C 选项中没有标明对象成员 b1 的构造函数的调用形式，而标明调用了类 B 的缺省构造函数，而类 B 没有缺省的构造函数，所以会出现编译错误。

【例 7.8】仔细阅读以下程序：

```cpp
#include <iostream.h>
class A{
    int a, b;
public:
    A(int x,int y)
    { a=x;b=y;}
    void print( )
    { cout<<a<<'\t'<<b<<'\n';}
};
void main( )
{   A t;                //A
    A *p=&t;            //B
    t=A(10, 5);         //C
    p->print( );        //D
}
```

程序中会出现编译错误的是_____。

A.A 行             B.B 行             C.C 行             D.D 行

【答案】A

【解析】由于类 A 定义了构造函数，所以系统不再自动生成缺省的构造函数。程序中 A 行没有提供参数，没有缺省的构造函数可调用。

【例 7.9】如果声明类 A 的对象时直接给出其两个成员的值，如 A a1={10, 5}，通过该方式给对象的成员数据初始化要求类 A 的数据成员的访问特性为_____。

【答案】public

【解析】通过成员列表的方式对对象数据成员进行初始化时，要求对象的数据成员的访问特性为公有的。

【例 7.10】在类的成员函数中，由系统提供的隐含使用的指针是_____。

【答案】this 指针

【解析】this 指针是指向当前正在操作的对象的指针。该指针一般由系统自动提供并隐含使用，但有时也必须显式地使用它。

【例 7.11】以下程序测试通过 new 运算符调用类的构造函数，请写出程序运行结果。

```cpp
#include <iostream.h>
class A{
```

```
    int a, b;
public:
    A(int x=10,int y=20)
    {a=x;b=y;}
    void print( )
    {cout<<a<<'\t'<<b<<'\n';}
};
void main( )
{   A *p=new A(5, 10);            //A
    p->print( );
    delete p;
}
```

程序运行后的输出结果为_____。

【答案】5　　　10

【解析】程序中的 A 行用 new 运算符建立一个动态对象时，new 运算符首先为类 A 的对象分配一个内存空间，然后调用其构造函数，根据提供的参数(5,10)来初始化对象的成员数据，最后将该动态对象的地址返回给指针 p。

【例 7.12】下列程序测试类中涉及构造函数与析构函数的调用，请写出程序运行结果。

```
#include <iostream.h>
class A{
    int a;
public:
    A(int x)
    {   a=x;
        cout<<"调用了类 A 的构造函数。\n";
    }
    int geta( )
    {   return a;    }
    ~A( )
    {   cout<<"调用了类 A 的析构函数！\n";}
};
class B{
    int b;
public:
    B(int x)
    {   b=x;
```

```
        cout<<"调用了类 B 的构造函数。\n";
    }
    int getb( )
    {  return b;}
    ~B( )
    {  cout<<"调用了类 B 的析构函数！\n";}
};
class C{
    int c;
    B b1;
    A a1;
public:
    C(int x,  int y,  int z):a1(y), b1(z)
    {  c=x;
       cout<<"调用了类 C 的构造函数。\n";
    }
    void show( )
    {  cout<<a1.geta( )<<'\t'<<b1.getb( )<<'\t'<<c<<'\n';}
    ~C( )
    {  cout<<"调用了类 C 的析构函数！\n";}
};
void main( )
{  C c1(1, 2, 3);
   c1.show( );
}
```

【答案】程序运行结果如下：

调用了类 B 的构造函数。

调用了类 A 的构造函数。

调用了类 C 的构造函数。

2　　　3　　　1

调用了类 C 的析构函数！

调用了类 A 的析构函数！

调用了类 B 的析构函数！

【解析】如果类中含有其他类的对象，则产生该类的对象时先调用其成员对象的构造函数，然后再执行类本身的构造函数。其成员对象的构造函数的调用顺序与成员对象的说明顺序相同，而与成员对象的构造函数在该类自身的构造函数中的说明顺序无关。析构函数的调用顺序与构造函数的调用顺序正好相反。

【例 7.13】下列程序给出了对象数组初始化的方法，请写出程序运行的结果。

```cpp
#include <iostream.h>
class A{
    int a,b;
public:
    A(int x,int y)
    { a=x;b=y;}
    void show( )
    { cout<<a<<'\t'<<b<<'\n';    }
};
void main( )
{ A a1[3]={ A(1, 2), A(3, 4), A(5, 6) };  //A
    a1[0].show( );
    a1[1].show( );
    a1[2].show( );
}
```

【答案】程序运行结果如下：

```
1        2
3        4
5        6
```

【解析】程序中的 A 行通过构造函数将每组参数转换成对象作为对象数组的元素。

【例 7.14】定义一个描述学生基本情况的类，数据成员包括姓名、学号、数学成绩、英语成绩、物理成绩和 C++成绩，成员函数包括输出数据、置姓名和学号、置 4 门课的成绩，试编程求出总成绩和平均成绩。

【程序】

```cpp
#include <iostream.h>
#include <string.h>
class STU{
    char name[15];
    int no;
    float math,eng,phy,c,total,average;
public:
    STU(char *name1,int no1,float m,float p,float e,float c1);
    void score( )
    { total=math+eng+phy+c;
      average=total/4;
```

```
    }
    void print( );
};
STU::STU(char *name1,int no1,float m,float p,float e,float c1)
{   strcpy(name, name1);
    no=no1;
    math=m;eng=e;phy=p;c=c1;
}
void STU::print( )
{   cout<<"姓名："<<name<<'\t'<<"学号："<<no<<'\n';
    cout<<"数学分数："<<math<<'\n';
    cout<<"英语分数："<<eng<<'\n';
    cout<<"物理分数："<<phy<<'\n';
    cout<<"C++ 分数："<<c<<'\n';
    cout<<"总    分："<<total<<'\n';
    cout<<"平均分数："<<average<<'\n';
}
void main( )
{   STU t("张三",1000,85,96,90,95);          //A
    t.score( );                             //B
    t.print( );                             //C
}
```

【解析】定义类时，类的成员数据一般说明为私有的访问类型，以强调类成员数据的封装性；对私有成员数据的操作可以通过类的公有成员函数进行。类的成员函数可以在类体内定义，也可以在类体外定义。如果类的成员函数在类体外定义，则在类体内仍必须对该函数进行原型说明，在类体外定义成员函数时，必须用作用域运算符指定该函数所属的类，如本例中的构造函数和成员函数 STU::print( )的定义。一般来说，如果成员函数的函数体较长，则建议将该函数在类体外定义，以增强程序的可读性。

例题中的 A 行声明了类 STU 的对象，并通过构造函数对该对象的成员数据初始化。构造函数是由系统调用的。注意，声明对象时提供的实参应与相应的构造函数的形参表相对应。

使用类的成员数据和成员函数时，一定要用成员运算符指明该成员所属的对象，如程序中的 B 和 C 行。

【例 7.15】设一个类的定义如下：

```
class T{
    char *p1,*p2;
```

```
public:
    T(char *s1,char *s2);
    void Print( )
    { cout<<"p1="<<p1<<'\n'<<"p2="<<p2<<'\n';}
    T(T &t);
    ~T( );
};
```

其中构造函数 T(char *s1,char *s2) 将 s1 和 s2 所指向的字符串分别送到 p1 和 p2 所指向的动态申请的内存空间中，构造函数 T(T &t) 将对象 t 中的两个字符串复制到当前对象中，析构函数~T 释放 p1 和 p2 所指向的动态分配的内存空间。请根据题意完善该类的定义，并设计一个完整的程序对该类进行测试。

【程序】

```
#include <iostream.h>
#include <string.h>
class T{
    char *p1,*p2;
    public:
        T(char *s1,char *s2);
        void Print( )
        { cout<<"p1= "<<p1<<'\n'<<"p2= "<<p2<<'\n';}
        T (T &t);
        ~T( );
};
T::T(char *s1,  char *s2)
{   p1=new char[strlen(s1)+1];
    p2=new char[strlen(s2)+1];
    strcpy(p1, s1);
    strcpy(p2, s2);
}
T::T(T &t)
{   delete [ ]p1;
    delete [ ]p2;
    p1=new char[strlen(t.p1)+1];
    p2=new char[strlen(t.p2)+1];
    strcpy(p1, t.p1);
    strcpy(p2, t.p2);
}
```

```
T::~T( )
{   delete [ ]p1;
    delete [ ]p2;
}
void main( )
{   T t1("String1 ","Strint2 ");
    T t2.(t1);
    t1.Print( );
    t2.Print( );
}
```

【解析】当类的成员中含有指针类型的数据时，要注意其指针的初始化问题。如果类的成员使用了动态内存，则一定要注意其动态内存的释放问题。一般来说，动态内存的申请和释放通过类的构造函数和析构函数来完成，这两种函数均是由系统自动调用的，因而能保证动态内存的正确申请和释放。

【例 7.16】根据注释要求完善类的定义，并设计一个完整的程序对该类进行测试。

```
class Array{
        int SizeI;              //整型数组的大小
        int PointI;             //整型数组中实际存放的元素个数
        int SizeR;              //实型数组的大小
        int PointR;             //实型数组中实际存放的元素个数
        int *pi;                //指向整型数组的指针
        float *pr;              //指向实型数组的指针
    public:
        Array(int si=100,  int sr=200);   //分别用 si 和 sr 初始化整型数组和
实型数组的大小
        void put(int n);        //将 n 加入整型数组中
        void put(float x);      //将 x 加入实型数组中
        int GetI(int index);    //取整型数组中的第 index 个元素
        float GetR( int index); //取实型数组中的第 index 个元素
        ~Array( );
        void Print( );          //分别输出整型和实型数组中的所有元素
}
```

【程序】

```
#include <iostream.h>
class Array{
        int SizeI,PointI,SizeR,PointR,*pi;
```

```
            float *pr;
        public:
            Array(int si=100, int sr=200)
            {pi=new int[si];
              pr=new float[sr];
              PointI=0;
              PointR=0;
              SizeI=si;
              SizeR=sr;
            }
            void put(int n);
            void put(float x);
            int GetI(int index)
            { if (index<0||index>=SizeI){
                    cout<<"Index Error of I !\n";
                    return 0;
              }else return pi[index];
            }
            float GetR(int index)
            { if (index<0||index>=SizeR){
                    cout<<"Index Error of R !\n";
                    return 0;
              }else return pr[index];
            }
            ~Array( )
            { delete [SizeI]pi;
              delete [SizeR]pr;
            }
            void Print( );
    };
    void Array::put(int n)
    {
      if (PointI<SizeI){
          pi[PointI]=n;
        }
      else{
          int *pt=new int[++SizeI];
```

```cpp
        for(int i=0;i<SizeI-1;i++)
            pt[i]=pi[i];
        pt[i]=n;
        delete [SizeI-1]pi;
        pi=pt;
        }
   PointI++;
}
void Array::put(float x)
{
   if (PointR<SizeR){
        pr[PointR]=x;
        }
   else{
        float *pt=new float[++SizeR];
        for(int i=0;i<SizeR-1;i++)
            pt[i]=pr[i];
        pt[i]=x;
        delete [SizeR-1]pr;
        pr=pt;
        }
   PointR++;
}
void Array::Print( )
{   cout<<"整型数组: \n";
    for(int i=0;i<PointI;i++)
        cout<<pi[i]<<'\t';
    cout<<"\n 实型数组: \n";
    for(i=0;  i<PointR;  i++)
    cout<<pr[i]<<'\t';
    cout<<'\n';
}
void main( )
{   Array a1(3, 3);
    float x;
    for(int i=0;i<5;i++){
        x=i+0.5;
```

```
        a1.put(i);
        a1.put(x);
    }
    for(i=0;i<5;i++)
        cout<<a1.GetI(i)<<'\t'<<a1.GetR(i)<<'\n';
    a1.Print( );
}
```

【解析】程序设计的关键是加入每个元素前，先判断原先申请的数组空间是否已用完，如果用完，则应重新申请。每加入一个元素，必须修改元素的个数，每次申请新的内存后，应释放原有的动态内存，并注意修改数组的大小。

【例 7.17】编写一个栈操作类，包含入栈和出栈成员函数，然后入栈一组数据，出栈并显示出栈顺序。所谓栈，即先进入链表的数据后输出的一种数据结构。

【程序】

```
#include <iostream.h>
struct list {
    int data;
    list *next;
    list(int x,list *p)
    {    data=x;next=p;}
};
class Stack{
    list *ptr;
public:
    Stack( ) {ptr=NULL;}
    void push(int);              //入栈操作
    int pop( );                  //出栈操作
};
void Stack::push(int d)
{   list *node=new list(d, ptr);
    ptr=node;
}
int Stack::pop( )
{   list *top;
    int value=ptr->data;
    top=ptr;
    ptr=ptr->next;
    delete top;
```

```
        return value;
    }
void main( )
{   Stack test;
    int a[]={1, 2, 3, 4, 5, 6};
    cout<<"入栈: \n";
    for(int i=0;i<6;i++){
        cout<<a[i]<<'\t';
        test.push(a[i]);
    }
    cout<<"\n 出栈: \n";
    for(i=0;i<6;i++)
        cout<<test.pop( )<<'\t';
    cout<<'\n';
}
```

【解析】为了方便成员操作，程序用一个结构体类型作为链表的节点，这样节点的成员缺省访问类型为公有的。程序中还为结构体设计了一个初始化成员数据的构造函数，程序运行后输出结果如下。

入栈:

| 1 | 2 | 3 | 4 | 5 | 6 |

出栈:

| 6 | 5 | 4 | 3 | 2 | 1 |

## 7.3 习 题

**一、选择题**

1. 类的缺省的访问特性是_____。

A. protected      B. public      C. private      D. 无缺省特性

2. 关于类的访问特性的说明，下列说法正确的是_____。

A. 必须首先说明私有特性

B. 成员数据必须说明为私有特性

C. 必须在每个成员前单独标明访问特性

D. 在同一个类中，说明访问特性的关键字可以多次使用

3. 作用域运算符的功能是_____。

A. 标识某个成员是属于哪个对象

B. 标识某个成员是属于哪个类

C. 标识类的使用范围

D. 标识对象的使用范围

4. _____不可以作为类的成员。

A. 自身类对象的指针

B. 自身类的对象

C. 另一个类的对象的指针

D. 另一个类的对象

5. 关于类的成员数据，下列说法正确的是_____。

A. 不可以指定任何存储类型

B. 定义类时可以赋初值

C. 不可以指定为公有特性

D. 一般不可以指定存储类型，但指定为静态类型有特殊的含义

6. 关于类的成员函数，下列说法正确的是_____。

A. 必须在类体内定义

B. 一定是内联函数

C. 不可以重载

D. 可以设置参数的缺省值

7. 以下对于类 A 的对象的声明不正确的是_____。

A. A a1 ;　　　　　　　　　　　B. A a2（15）；

C. A *p=new A ;　　　　　　　　D. A a3（）；

8. 设 p 是一个指向类 A 的对象 a1 的指针，m 为类 A 的公有成员指针。如果要将指针 m 所指向的内存中的数据赋值为 5，则正确的形式是_____。

A. a1.m=5　　　B. p->（*m）=5　　　C. p.（*m）=5　　　D. *（p->m）=5

9. 关于类的构造函数，下列说法不正确的是_____。

A. 每个类都有构造函数

B. 可以不为类定义构造函数

C. 如果类的成员使用了指针，为了初始化指针，一般要定义构造函数

D. 每个类有且只有一个缺省的构造函数

10. 下列构造函数不能由系统自动产生的是_____。

A. 类的缺省构造函数

B. 申请动态内存的构造函数

C. 实现拷贝功能的构造函数

D. 实现类型转换的构造函数

11. 下列函数中不能重载的是_____。

A. 类的有参数的成员函数　　　　B. 类的静态成员函数

C. 类的析构函数　　　　　　　　D. 类的构造函数

12. 关于类的静态数据成员，下列叙述正确的是_____。

A. 静态数据成员不可以在类的构造函数中赋值

B. 静态数据成员不可以被类的对象调用

C. 静态数据成员不受类的访问权的限制

D. 静态数据成员可以直接用类名调用

13. 关于类的静态数据成员，下列叙述正确的是_____。

A. 静态数据成员是类的所有对象共享的数据

B. 所有类的对象都有静态数据成员

C. 同一类的所有对象的静态数据成员可以互不相同

D. 静态数据成员不能通过类的对象调用

14. 关于类的常成员函数，下列叙述正确的是_____。

A. 常成员函数只能修改常数据成员

B. 常成员函数只能修改一般数据成员

C. 常成员函数不能修改任何数据成员

D. 常成员函数只能通过常对象调用

15. 由于常对象不能被更新，因此_____。

A. 通过常对象只能调用它的常成员函数

B. 通过常对象只能调用静态成员函数

C. 常对象的成员都是常成员

D. 通过常对象可以调用任何不改变对象值的成员函数

16. 设已定义好的一个类 A，执行语句 "A a1,a2[3],*a3[4];" 时，类 A 的构造函数被调用的次数是_____。

A. 2　　　　　　　B. 3　　　　　　　C. 4　　　　　　　D. 8

17. 下列说明对象的方式不会出现编译错误的是_____。

A. ```
class A{
        int a,b;
  } a1={5, 10};
```

B. ```
class B{
        int a, b;
        B(int x,int y)
        {  a=x;b=y;}
  } b1(10, 20);
```

C. ```
class C{
        int a, b;
        B(int x=0,int y=0)
        {  a=x;  b=y;}
  } c1(10);
```

D. ```
class D{
   int a,  b;
   } d1;
```

18. 设有以下对象定义:

```
class A {
   pubic:
      int a,b;
} a1={1, 2} ;
A a2,  a3;
class {
   public:
      int a,b;
} a4;
```

则下列赋值正确的是_____。

A. a3=a2=a1;                    B. a4=a1;

C. A *p=&a4;                    D. A &re=a4;

19. 设有如下类的定义:

```
class CL{
    int a,b;
public:
    CL( int x,int y=0)
    {  a=x;b=y;}
};
```

则说明下列对象时出现语法错误的是_____。

A. CL cl1=30;                   B. CL cl2=CL(50);

C. CL cl3=CL(12, 15);          D. CL cl4 ;

20. 设有如下类的定义:

```
class EX{
    int *p;
public:
    EX(int x=0)
    {  p=new int(x);}
    ~EX( )
    {  delete p;}
};
```

则下列声明对象的方法会引起程序执行异常的是_____。

A. EX ex1;                      B. EX ex2=50;

D. EX ex3=EX(50);              D. EX ex4(50) ; EX ex5=ex4;

**二、填空题**

1. 在类的体外定义类的成员函数时，需要在函数名前加上___①___，而在类体外使用类的成员函数时，则需要在函数名前加上___②___。

2. 类的缺省访问特性是___①___，结构体的缺省访问特性是___②___。

3. 在类的成员函数中可以由系统自动提供并隐含使用的指针名为_____。

4. 根据注释要求，仔细阅读下列程序并完善程序。

```
#include <iostream.h>
class A{
        int a,b;
    ___①___:       //设置正确的访问特性，以使后续语句不出现语法错误
        A( int,int);              //构造函数
        int geta( )               //取成员数据a;
        { ___②___; }
        void print( )             //输出所有的成员
        { ___③___ }
        A add( )                  //将各成员数据自增后返回
        { a++;
          b++;
          return ___④___;
        }
};
    ___⑤___                       //完成构造函数的定义
{a=x;b=y;}
void main( )
{   A t1(5, 10),t2(0,0);
    ___⑥___;                      //将t1的成员数据自增后赋给t2
    ___⑦___;                      //输出t1的所有成员
    ___⑧___;                      //输出t2的成员a
}
```

5. 根据注释要求，仔细阅读下列程序并完善程序。

```
#include <iostream.h>
#include<string.h>
class String{
        char *str;
    public:
        String(char *s)
```

```
    {
        ①        ;        //为指针 str 申请动态内存
        ②        ;        //给成员字符串赋值
    }
     ~String( )
     { _____③_____ ; }
     void print( )
     { cout<<str<<'\n'; }
};
void main( )
{    ④    ;        //定义一个对象 st, 使其成员值为 abcde
     ⑤    ;        //输出成员数据
}
```

6. 根据程序的输出结果，完善程序。

```
#include <iostream.h>
class Date{
      int year,month,day;
   public:
      Date(int x=2002,int y=6,int z=1)
      {  year=x;month=y;day=z; }
      void Print( )
      {  cout<<year<<'/'<<month<<'/'<<day<<'\n'; }
};
void main( )
{    Date d1[3]={ _____ };
     d1[0].Print( );
     d1[1].Print( );
     d1[2].Print( );
}
```

程序运行后输出结果如下：

```
2001/10/1
2002/10/1
2003/10/1
```

7. 根据注释要求，仔细阅读下列程序并完善程序。

```
#include <iostream.h>
class A{
```

```
        int a;
public:
        A(int x=0)
        { a=x;}
        void Print( )
        { cout<<a<<'\t';}
    };
void main( )
{ A a1[4];
        ①        ;              //说明一个指向 a1 的指针 p 并对其进行初始化
    for(int i=0;i<4;i++)
            ②        ;          //通过指针 p 将数组 a1 的各元素的成员数据赋值为 i
    for(i=0;i<2;i++)
            ③        ;    //将数组 a1 的各元素的成员数据输出
      cout<<'\n';
}
```

8.下列程序中类 STR 的功能是统计字符串中的单词数量，请完善程序。

```
#include <iostream.h>
#include<string.h>
class STR{
        char *p;
        int c;
public:
        STR(char *s1=0)
        {
            c=0;
            if (s1){
                p=        ①        ;        //初始化成员指针 p
                strcpy(p, s1);
            }
            else
                p=0;
        }
        ~STR( )
        { if(p)        ②        ;        }
        void print( )
        {
```

```
        cout<<p<<endl;
        cout<<"单词数: "<<c<<endl;
    }
    void fun( )
    {
        if (!p)  return;
        char *s=p;
        while(*s){
            while(*s&&*s==' ')
                s++;
            if(*s&&*s!=' ')
                c++;
            while(*s&&*s!=' ')
                s++;
        }
    }
};
void main( )
{
    STR st1("This is a C++ program!");
    _____③_____;          //统计对象 st1 的成员字符串中的单词数
    st1.print( );
}
```

9. 下列程序中用静态数据成员 countP 记录类 Point 的对象个数。请完善程序，并写出程序的输出结果。

```
#include <iostream.h>
class Point{
    int x,y;
    _____①_____;                    //说明整型静态数据成员 countP
public:
    Point(int x1=0,int y1=0):x(x1),y(y1)
    {  _____②_____;}
    Point(Point &p):x(p.x),y(p.y)
    {  countP++;  }
    ~Point( )
    {  _____③_____;   }
    int getx( )
```

```
        {   return x;   }
        int gety( )
        {   return y;   }
    _____④_____getP( )
        {   cout<<"点的数量: "<<countP<<endl;    }
};
    _____⑤_____countP=0;
void main( )
{
        Point p1(5, 10);
        Point p2(p1);
        Point *p[5];
        Point::getP( );
        for(int i=0;i<5;i++)
            p[i]=new Point(i,i);
        Point::getP( );
        for(i=0;i<5;i++)
            delete p[i];
        Point::getP( );
}
```

程序运行后输出结果如下:

点的数量: _____⑥_____

点的数量: _____⑦_____

点的数量: _____⑧_____

10. 阅读以下程序, 写出程序的输出结果。

```
#include <iostream.h>
class A{
    int a,b,c;
public:
    A( ) {a=0;b=0;c=0;}
    A(int x,int y=2,int z=3)
    {   a=x;b=y;c=z;}
    void Print( )
    {   cout<<a<<'\t'<<b<<'\t'<<c<<'\n';}
};
void main( )
{   A *p;
```

```
    A a1, a2=1, a3=A(5, 10), a4=*(p=new A(2, 4, 6));
    a1.Print( );
    a2.Print( );
    a3.Print( );
    a4.Print( );
    delete p;
}
```

程序运行后的输出结果如下：

_____①_____

_____②_____

_____③_____

_____④_____

11. 阅读下列程序，写出程序的输出结果。

```
#include <iostream.h>
class A{
    int a;
public:
    A(int x=0)  {   a=x;}
    int geta( )   {return a;}
};
class B{
    A a1;
    int b;
public:
    B(int x,  int y):a1(x), b(y)
    {    }
    void Print( )
    { cout<<a1.geta( )<<'\t'<<b<<'\t'; }
};
class C{
    int c;
    B b1;
    A a1;
public:
    C(int t):a1(t),b1(2*t,3*t)
    {   c=t+a1.geta( );}
    void Print( )
```

```
    {   cout<<a1.geta( )<<'\t';
        b1.Print( );
        cout<<c<<endl;
    }
};
void main( )
{   C c1(2);
    c1.Print( );
}
```

程序运行后的输出结果如下：

_____

12. 阅读以下程序，写出程序的输出结果。

```
#include <iostream.h>
class A{
    int a;
    public:
    A(int x=0)
    { a=x;
      cout<<"构造函数 A \n";
    }
    int get( )  {return a;}
    ~A( )
    {  cout<<"析构函数 ~A \n";     }
};
class B{
    int b;
    public:
    B(int x)
    {  b=x;
       cout<<"构造函数 B \n";
    }
    int get ( ){return b;}
    ~B( )
    {  cout<<"析构函数 ~B \n";     }
};
class C{
    A a1, a2;
```

```
        B *p, b1;
    public:
        C(int x,int y,int z):b1(x), a1(y)
        {   cout<<"构造函数 C \n";
            p=new B(z);
        }
        void print( )
        {   cout<<a1.get()<<'\t'<<a2.get()<<'\t';
            cout<<p->get()<<'\t'<<b1.get( )<<'\n';
        }
        ~C( )
        {   delete p;
            cout<<"析构函数 ~C \n";
        }
    };
    void main( )
    {   C c1(1, 2, 3);
        c1.print( );
    }
```

程序运行后输出的第 1、3、6 行以及最后一行如下：

_____ ①
_____ ②
_____ ③
_____ ④

## 三、编程题

1. 定义一个求 n!的类，要求其成员数据包括 n 和 n!，成员函数分别实现设定 n 的值、计算 n!以及输出成员数据。编写一个完整的程序对类进行测试。

2. 定义一个字符串类，其成员数据为一个指向字符串的指针变量，成员函数至少实现设定字符串的值，将一个字符串拼接到成员字符串上，将成员字符串逆序以及输出字符串等功能。要求编写一个完整的程序对类进行测试。

3. 定义一个学生类，类的成员数据包括姓名、英语分数、数学分数、物理分数、程序设计分数、各门功课的总分及平均分数。成员函数至少实现成员数据输入、求总分和平均分数以及输出学生信息等功能。然后用该类定义一个对象数组来处理一个班组的学生信息，并用一个函数实现学生信息按平均分数排序。要求编写一个完整的程序对类进行测试。

4. 试定义一个类 Array，实现由一个二维数组派生出一个新的二维数组，新数组的行数和列数分别为原数组的列数和行数，且新数组的元素值为原数组中与该元素同序的元素的所有相邻元素的平均值。所谓同序元素，是指两个数组中存储顺序相同的两个元素。例如，假设定义两个数组 int a[4][5], b[5][4]，b[1][2]为数组 b 的第 6 个元素，则 a 的第 6 个元素 a[1][0]是 b[1][2]的同序元素；所谓相邻元素，是指该元素的上、下、左、右四个元素，其中最左(右)列元素的左(右)邻元素为最右(左)列，最上(下)行元素的上(下)邻元素为最下(上)行。例如，对于上述的 b[1][2]，其值应该为(a[0][0]+a[2][0]+a[1][4]+a[1][1])/4。

5. 定义一个时间类 Time，其成员数据包括时、分、秒 3 个分量。在类的成员函数中包括构造函数、改变时间、取各时间分量和完整时间等操作，并且能按上午或下午 12 小时格式或 24 小时打印时间的函数。要求编写一个完整的程序。

# 7.4 实验内容与指导

【实验目的】

1. 掌握类和对象的定义及使用。
2. 理解类的成员的访问特性。
3. 掌握面向对象程序设计的基本方法。

【实验内容】

1. 定义一个数组类 ARRAY，实现对数组 a 中的 N(0<N<100)个整数从小到大进行连续编号，要求不改变数组 a 中元素的顺序，且相等的整数具有相同的编号。例如，设 a={5, 3, 4, 7, 3, 5, 6}，元素 3，4，5，6，7 的编号分别为 1，2，3，4，5，为此输出编号为 (3, 1, 2, 5, 1, 3, 4)，具体要求如下。

(1)私有成员有如下几个：

int *a; //存放数组 a

int *b; //存放数组 a 中各元素的编号，其中 b[i]为 a[i]的编号

int len; //数组 a 和 b 中实际元素的个数

(2)公有成员有如下几个：

ARRAY(int *x, int n); /*构造函数，为数组 a 和 b 动态分配存储空间，分别利用 x 和 n 初始化数组 a 和整数 len*/

void number( ); //对数组 a 的元素从小到大进行连续编号，并将其保存在数组 b 中

void showdata( ); //输出数组 a 的元素值

void shownumber( ); //输出数组 a 的元素对应的编号值

~ARRAY(); //释放相应的动态存储空间

(3)在主函数中定义一个整型数组，用该整型数组初始化一个 ARRAY 对象，调用相关成员函数完成对类 ARRAY 的测试。

2. 试定义一个类 STR，将字符串中的数字字符依次全部移到字符串的后半部，具体要求如下。

(1)私有数据成员定义如下：

char *p;//p 为待处理的字符串

(2)公有成员函数定义如下。

STR(char *s)：//构造函数，用 s 初始化数据成员 p

void move(char &t1, char &t2); //辅助函数，交换两个字符的位置

void fun(); //根据题意处理字符串 p

~ STR ( ); //析构函数，撤销所占用的动态存储空间

void print(); //输出数组中的所有元素

(3)在主函数中对类 STR 进行测试。

【实验指导】

1. 算法提示：对数组 a 的元素从小到大进行连续编号，并将其保存在数组 b 中。先定义一个长度为 len 的临时数组 x，然后将数组 a 中的元素按从小到大的次序存放在数组 x 中，最后利用 x 对数组 a 中的各元素进行编号，并存储在数组 b 中。

2. 算法提示：将字符串中 p 的数字字符依次全部移到字符串的后半部，从左到右依次对字符串 p 的每个字符进行检测，如果在数字字符的右侧有非数字字符，则通过调用函数 move 将该非数字字符与前一个字符进行交换，直到前一个字符为非数字字符为止。

# 第8章 继承与多态性

## 8.1 知识点概要

### 8.1.1 继承与派生

1. 派生类定义

派生类的定义格式如下：

class 派生类名:派生方式 基类名1,派生方式 基类名2,…,派生方式 基类名n

{

　　　新增成员列表

};

2. 派生类成员

派生类中的成员包括继承成员(从基类继承来的成员)和新增成员(派生类类体中列出的成员)。新增成员的访问权限由定义时的关键字说明,继承成员的访问权限由基类中的原有属性和派生方式决定。

3. 派生类构造函数定义

派生类构造函数定义如下：

派生类名(形参列表)：基类名1(实参列表),基类名2(实参列表),…,基类名n(实参列表)

{

　　　新增成员初始化

}

派生类构造函数中必须包括基类构造函数的调用,当基类具有缺省的构造函数时,可省略其调用形式。

4. 对象成员初始化

对象成员初始化是通过对象名调用其所属类的构造函数实现的,基本格式如下：

派生类名(形参列表)：对象名1(实参列表),对象名2(实参列表),…,对象名n(实参列表)

{

　　　新增成员初始化

}

5. 赋值兼容性

可以将派生类相关的数据赋值给基类相关的变量,但不可以将基类相关的数据赋值给派生类相关的变量,即有以下几种方式的赋值。

(1)派生类的对象赋值给基类的对象。

(2)基类的对象引用派生类的对象,但通过引用的基类对象名只能操作派生类中从基类继承过来的成员。

(3)基类的指针可以指向派生类的对象,但通过该基类的指针只能操作派生类中从基类继承过来的成员。

从形式上看,对于赋值兼容性,合法的赋值表达式应该是:等号左侧是基类相关的变量,等号右侧是派生类相关的数据或变量。

### 8.1.2 冲突

1. 冲突

一个类中出现同名成员的现象称为冲突,解决来自不同类的冲突的方法是用"类名::"加以区分。

2. 支配规则

当派生类中的新增成员与派生成员同名时,派生类中缺省使用新增成员的优先关系称为支配规则。

3. 虚基类

如果基类的成员多次继承到同一个派生类中而产生的冲突没有解决办法,避免发生这种情况的方法是将共同基类设置为虚基类,其定义格式如下:

```
class 派生类名：virtual 派生方式 基类名{
    新增成员列表
}
```

其中关键字 virtual 可置于派生方式后。

4. 虚基类构造函数

在派生类构造函数的头部,必须列出虚基类构造函数的调用,除非虚基类有缺省的构造函数。虚基类构造函数在派生类中直接调用,并且先于非虚基类构造函数的调用。

5. 派生类对象产生与释放

对象产生与释放的过程即构造函数和析构函数调用的过程。构造函数调用的顺序过程如下。

(1)调用虚基类构造函数。调用多个虚基类时,先继承先调用,后继承后调用。

(2)调用基类构造函数。调用多个基类时,先继承先调用,后继承后调用。

(3)调用对象成员构造函数。调用多个对象时,先声明先调用,后声明后调用。

(4)执行自身构造函数的函数体。

析构函数的调用顺序通常与构造函数的调用顺序相反。

### 8.1.3 虚函数与多态性

1. 静态联编

静态联编是指在程序开始运行之前的编译连接阶段,系统即可确定具体的调用函数。

例如，对于一组重载函数，系统编译时即可根据其参数形式确定调用的具体函数。静态联编产生的多态性称为静态多态性或编译多态性。

2. 动态联编

动态联编是指在程序运行时，系统根据具体的对象确定所调用的具体函数。在继承和派生中，由于派生类中的虚函数具有相同的函数原型，所以在编译时系统并不能像函数重载那样根据参数确定所调用的函数，这种形式的多态性称为动态多态性或运行时的多态性。

3. 虚函数定义

虚函数的定义格式如下：

virtual 函数类型 函数名(形参列表)

{

　　　　函数体

}

虚函数也可以在类中说明，在类外定义。类中说明虚函数时，必须使用关键字 virtual，而在类外定义时不能再次使用 virtual。

通过基类的指针或引用调用虚函数能够实现动态多态性，其使用格式如下：

基类指针变量名- >虚函数名(实参表)

或

基类对象引用名.虚函数名(实参表)

虚函数在派生类和基类中具有相同的名称、参数和返回值。

4. 纯虚函数

只在基类中声明、没有函数体的虚函数称为纯虚函数，其定义格式如下：

virtual 函数类型 函数名(形参列表)=0;

5. 抽象类

抽象类是指含纯虚函数的类，不能产生对象，但可以定义抽象类的指针或对象引用。在派生类中，重新定义从抽象类继承来的纯虚函数后，就能产生对象，并实现动态多态性。

## 8.2　典型例题解析

【例 8.1】通过派生类对象可直接访问的基类成员是_____。

A. 保护派生的公有成员　　　　　　B. 公有派生的保护成员

C. 保护派生的保护成员　　　　　　D. 公有派生的公有成员

【答案】D

【解析】派生类中访问基类成员只与其原有属性有关，即直接访问公有和保护成员。

对派生类进行外部访问时，与原有属性和派生方式有关，只能直接访问派生后仍是公有属性的成员，即公有派生的公有成员。通过派生类对象访问一定是在派生类外部，因为派生类中不可能产生该派生类对象。

【例 8.2】下列关于赋值兼容规则的叙述不正确的是_____。

A. 可以把派生类对象赋值给基类对象

B. 可以把基类对象赋值给派生类的对象

C. 可以用派生类对象初始化基类对象的引用

D. 可以用基类指针指向派生类对象

【答案】B

【解析】赋值兼容性是指把派生类数据赋值给基类变量。需要注意两点：①赋值兼容性在非公有派生时，是不成立的；②这种赋值是单向的，即赋值运算符的左操作数是基类数据，右操作数是派生类数据，不能颠倒。

【例 8.3】根据下列程序的运行结果，在空格处填上适当的语句，使程序能正确运行。

```cpp
#include<iostream.h>
class A{
protected:
    double x;
public:
    A(double a) { x=a; }
};
class B{
protected:
    double y;
public:
    B(double b) { y=b; }
    double gety( ) { return y; }
};
class D:public A{
    double z;
    B b1;
public:
    _____①_____;                              //A
    void print()
    {  cout<<x<<','<<___②___<<','<<z<<endl; }        //B
};
D::D(double a,double b,double d):___③___,___④___     //C
{  z=d;}
```

```
void main( )
{
    D d1(1.5,2.6,3.7);
    d1.print();
}
```

以上程序的输出结果是：1.5,2.6,3.7。

【答案】①D(double,double,double)　②b1.gety()　③A(a)　④b1(b)

【解析】派生类的构造函数在类体外定义时，类中必须有原型说明(A 行)；说明语句中不能包含基类和对象所属类的构造函数调用,形参名称可以省略。B 行用来输出成员 x、b1.y 和 z；b1.y 是通过对象 b1 访问成员 y，属于类体外访问，而 b1.y 是保护成员，不能直接访问，必须通过公有成员函数 gety 间接访问。C 行通过调用基类 A 的构造函数初始化派生成员 x，通过调用对象 b1 所属的构造函数(类 B 的构造函数)初始化对象成员；但调用方法是不同的，派生成员通过基类名调用，对象成员通过对象名调用；答案③和④的位置可以互换，但实参的值不能变。

【例 8.4】分析下列程序，写出程序运行结果。

```
#include<iostream.h>
class A{
public:
    A( ) { cout<<"构造A\t"; }
    ~A( ) { cout<<"析构A\t"; }
};
class B{
public:
    B( ) { cout<<"构造B\t"; }
    ~B( ) { cout<<"析构B\t"; }
};
class D:public B,public A{          //A
    A t1;                           //B
    B t2;                           //C
public:
    D( ) { cout<<"构造D\t"; }
    ~D( ) { cout<<"析构D\t"; }
};
void main()
{
    D d1;
```

```
    cout<<endl;
}
```

以上程序的输出结果如下：

| ① |
| --- |
| ② |

【答案】①构造 B　　　构造 A　　　构造 A　　　构造 B　　　构造 D

②析构 D　　　析构 B　　　析构 A　　　析构 A　　　析构 B

【解析】类 D 是含对象成员的派生类，建立类 D 的对象时，必定调用其基类和对象所属类的构造函数；当派生类构造函数头部没有列出时，调用缺省的构造函数，此时必须有缺省的构造函数；构造函数的调用顺序是基类、对象、自身。当有多个基类时，先继承的先调用；从 A 行可以看出先继承类 B(第 1 项输出)，后继承类 A(第 2 项输出)。当有多个对象时，先说明的先调用；B 行先定义类 A 对象 t1(第 3 项输出)，后定义类 B 对象 t2(第 4 项输出)。最后执行自身函数体输出第 5 项。对象生存期结束时，调用析构函数，其顺序通常与构造函数相反。

【例 8.5】分析以下程序，写出程序运行结果。

```cpp
#include<iostream.h>
class A{
public:
    A( ) { cout<<"缺省构造 A\t"; }          //A
    A(int a) { cout<<a<<"构造 A\t"; }        //B
    ~A( ) { cout<<"析构 A\t"; }
};
class B:virtual public A{
public:
    B(int b):A(b)
    { cout<<"构造 B\t"; }
    ~B( ) { cout<<"析构 B\t"; }
};
class C:public virtual A{
public:
    C(int c):A(c)
    { cout<<"构造 C\t"; }
    ~C( ) { cout<<"析构 C\t"; }
};
class D:public B,public C{
public:
    D(int d):B(d),C(2*d)
```

```
    { cout<<"构造 D\t"; }
    ~D( ) { cout<<"析构 D\t"; }
};
void main()
{
    B b1(1);
    cout<<endl;
    D d1(1);
    cout<<endl;
}
```

以上程序的输出结果如下：

　　　　①

　　　　②

　　　　③

【答案】①构造 A　　　构造 B

②缺省构造 A　构造 B　　　构造 C　　　构造 D

③析构 D　　　析构 C　　　析构 B　　　析构 A　　　析构 B　　　析构 A

【解析】类 B 是类 A 的派生类，所以建立类 B 对象 b1 时，先调用类 A 的构造函数(第1 项输出)，再执行自身函数体(第 2 项输出)；类 A 有两个构造函数，建立 b1 的过程中，调用类 A 构造函数时，提供了参数，所以调用 B 行的构造函数。

类 A 是虚基类，其构造函数调用优先于普通基类。经过多层派生，建立类 D 对象时，首先调用类 A 构造函数，因为类 D 构造函数头部未列出类 A 构造函数调用，所以调用 A 行缺省构造函数(第 3 项输出)。然后再调用类 B(第 4 项输出)和类 C(第 5 项输出)构造函数；虽然类 B 和类 C 都是类 A 的派生类，并且构造函数头部都有类 A 构造函数调用，但因为类 A 是虚基类，所以在调用类 B 和类 C 构造函数的过程中，不调用类 A 构造函数。最后执行类 D 构造函数体输出第 6 项。通常，析构函数调用次数与构造函数相同，顺序相反。

【例 8.6】分析以下程序，写出程序运行结果。

```
#include<iostream.h>
class B{
public:
    void f(){cout<<"B 类中的函数 f\n";}
    virtual void fun(){cout<<"B 类中的函数 fun\n";}
};
class D:public B{
public:
  void f(){cout<<"D 类中的函数 f\n";}
```

```
    void fun(){cout<<"D 类中的函数 fun\n";}
};
void main(void )
{
    B obj1,*p;
    D obj2;
    p=&obj1;p->f();p->fun();
    p=&obj2;p->f();p->fun();
}
```

以上程序的输出结果如下：

　　　　　　①　　　　　　
　　　　　　②　　　　　　
　　　　　　③　　　　　　
　　　　　　④　　　　　　

【答案】①B 类中的函数 f
　　　　②B 类中的函数 fun
　　　　③B 类中的函数 f
　　　　④D 类中的函数 fun

【解析】基类指针指向基类对象时，调用基类的成员函数；类 B 中的函数 f 和函数 fun 具有唯一性，分别输出第 1 行和第 2 行。派生类 D 中有两个 f 函数和两个 fun 函数，分别是从基类继承来的，以及派生类中新增的；基类指针指向派生类对象时，如果调用的是非虚函数，为基类继承来的(第 3 行输出)；如果调用的是虚函数，则为派生类中新增加的(第 4 行输出)。

【例 8.7】分析以下程序，写出程序运行结果。

```
#include<iostream.h>
class B{
public:
    void f(){cout<<"B 类中的函数 f\n";}
    virtual void fun(){cout<<"B 类中的函数 fun\n";}
};
class D:public B{
public:
  void f(){cout<<"D 类中的函数 f\n";}
  void fun(){cout<<"D 类中的函数 fun\n";}
};
void print(B t) { t.f();t.fun(); }          // A
void show(B &t) { t.f();t.fun(); }          // B
```

```
void main(void )
{
    D obj2;
    print(obj2);show(obj2);
}
```

以上程序的输出结果如下：

_____①_____

_____②_____

_____③_____

_____④_____

【答案】①B 类中的函数 f

②B 类中的函数 fun

③B 类中的函数 f

④D 类中的函数 fun

【解析】运行的多态性除了用基类指针实现外，还可以通过基类对象的引用实现。若为基类对象（A 行），则只能调用从基类继承来的成员函数（第 1 行和第 2 行输出）。若为基类对象的引用（B 行），当调用非虚函数时，为基类继承来的（第 3 行输出）；当调用虚函数时，则为派生类中新增加的（第 4 行输出）。

【例 8.8】分析以下程序，写出程序运行结果。

```
#include<iostream.h>
class Base{
public:
    virtual void f1() { cout<<"Base f1"<<endl; }
    virtual void f2() { cout<<"Base f2"<<endl; }        //A
    void f3() { cout<<"Base f3"<<endl; }                //B
    void f4() { cout<<"Base f4"<<endl; }                //C
};
class Derived:public Base{
public:
    virtual void f1() { cout<<"Derived f1"<<endl; }   //D
    virtual void f2(int x) { cout<<"Derived f2"<<endl; }
    virtual void f3() { cout<<"Derived f3"<<endl; }
    void f4() { cout<<"Derived f4"<<endl; }
};
void main()
{
    Base *pb;Derived d;
```

```
        pb=&d;
        pb->f1();pb->f2();
        pb->f3();pb->f4();
}
```

以上程序的输出结果如下：

　　　　①_____

　　　　②_____

　　　　③_____

　　　　④_____

【答案】①Derived f1

　　　　②Base f2

　　　　③Base f3

　　　　④Base f4

【解析】实现运行多态性的虚函数，必须同名、同参且同类型。虚函数 f1 在基类 Base 和派生类 Derived 中，具有相同的参数个数、参数类型和返回值类型，因此通过基类指针 pb 访问函数 f1 时，采用动态联编，调用派生类中新增的 f1 函数(D 行)。基类中的函数 f2 虽然有关键字 virtual，但在派生类中没有重新定义，即派生类中从基类继承来的函数 f2 和派生类中新增加的函数 f2 具有不同的参数个数，属于函数重载，采用静态联编，所以调用从基类继承来的 f2 函数(A 行)。在基类和派生类中，函数 f3 和 f4 虽然同名、同参且同类型，但均不是虚函数，采用静态联编，所以调用从基类继承来的 f3 函数(B 行)和 f4 函数(C 行)。

【例 8.9】分析以下程序，写出程序运行结果。

```
#include<iostream.h>
class A{
public:
    virtual void f1(int a) { cout<<a<<endl; }
    void f2(int a) { cout<<100+a<<endl; }            //A
};
class B:public A{
public:
    void f1(int a) { cout<<2*a<<endl; }
    virtual void f2(int a) { cout<<100+2*a<<endl; }
};
class C:public B{
public:
    void f1(int a) { cout<<3*a<<endl; }              //B
    void f2(int a) { cout<<100+3*a<<endl; }          //C
```

```
};
void main()
{
    A *pa;
    B *pb;
    C c;
    pa=&c; pa->f1(5);          //D
    pa->f2(5);                 //E
    pb=&c; pb->f1(5);          //F
    pb->f2(5);                 //G
}
```

以上程序的输出结果如下：

　　　　①_____
　　　　②_____
　　　　③_____
　　　　④_____

【答案】①15　　　　②105　　　　③15　　　　④115

【解析】虚函数具有遗传性。类 A 中的虚函数 f1 继承到类 B 中也是虚函数，再继承到类 C 中同样是虚函数；所以 D 行和 F 行通过类 A 的指针 pa 和类 B 的指针 pb 访问函数 f1 时，都采用动态联编，分别调用类 C 中新增加的 f1 函数（B 行）。类 A 中的 f2 函数不是虚函数，而在类 B 中被定义为虚函数；因此，相对于类 A 的指针 pa 来说（E 行），采用静态联编，调用从类 A 继承来的 f2 函数（A 行）；相对于类 B 的指针 pb 来说（G 行），采用动态联编，调用类 C 中新增的 f2 函数（C 行）。

【例 8.10】分析以下程序，写出程序运行结果。

```
#include<iostream.h>
#include<string.h>
class Base{
    char *B;
public:
    Base(char *p)
    {
        B=new char[strlen(p)+1];
        strcpy(B,p);
        cout<<B<<endl;
    }
    virtual ~Base()              //A
    {
```

```
        delete []B;
        cout<<"delete B"<<endl;
    }
};
class Derived:public Base{
    char *D;
public:
    Derived(char *p1,char *p2):Base(p1)
    {
        D=new char[strlen(p2)+1];
        strcpy(D,p2);
        cout<<D<<endl;
    }
    ~Derived()                    //B
    {
        delete []D;
        cout<<"delete D"<<endl;
    }
};
void main()
{
    Base *pb=new Derived("String B","String D");
    delete pb;
}
```

以上程序的输出结果如下：

　　　　　　　①　　　　　　　

　　　　　　　②　　　　　　　

　　　　　　　③　　　　　　　

　　　　　　　④　　　　　　　

【答案】①String B　　　②String D　　　③delete D　　　④delete B

【解析】构造函数不能被定义为虚函数，但析构函数可以被定义为虚函数；当基类的析构函数是虚函数时，派生类的析构函数也是虚函数。对于 new 运算符产生的派生类动态对象，如果用派生类指针释放，能够正确地调用析构函数，释放所有空间；而用基类指针释放时，如果析构函数不是虚函数，只能释放基类构造函数分配的空间，不能释放派生类构造函数分配的空间，即去掉 A 行的关键字 virtual，系统将不调用派生类的析构函数(B 行)，将无第 3 行输出。

## 8.3　习　题

### 一、选择题

1. 以下关于基类和派生类指针的叙述不正确的是_____。
A. 基类指针可以指向多次派生后的公有派生对象
B. 基类指针可以指向其公有派生类对象
C. 可以通过基类指针访问其派生类对象的所有成员
D. 派生类指针不能指向与其对应的基类对象

2. 以下有关 C++语言多态性的叙述不正确的是_____。
A. 多态性分为编译时的多态性和运行时的多态性
B. 函数重载和运算符重载均为编译时的多态性
C. 运行时的多态性必须通过虚函数才能实现
D. 运行时的多态性必须通过基类指针才能实现

3. 公有派生时，派生类的成员函数能访问其基类的_____。
A. 公有成员和保护成员　　　　　B. 公有成员和私有成员
C. 保护成员和私有成员　　　　　D. 所有成员

4. 派生方式对以下访问产生影响的是_____。
A. 在派生类中访问其基类成员　　B. 在派生类中访问其新增成员
C. 派生类对象访问其新增成员　　D. 派生类对象访问其基类成员

5. 以下关于纯虚函数的叙述不正确的是_____。
A. 定义纯虚函数时要定义函数体，否则会产生连接错误
B. 纯虚函数的说明以“=0;”结束，不能定义函数体
C. 必须在派生类中定义纯虚函数的函数体，才能产生对象
D. 含纯虚函数的类是抽象类，不能定义其对象

6. 解决因多层派生在派生类中出现多个复制基类成员的方法是_____。
A. 用关键字 virtual 把基类成员说明为虚特性
B. 把基类声明为虚基类
C. 把基类声明为抽象类
D. 用类名和作用域运算符进行区分

7. 以下有关继承的叙述不正确的是_____。
A. 继承的目的是实现软件复用
B. 虚基类可解决多继承产生的二义性
C. 派生类不继承基类的成员函数
D. 派生类的构造函数中必须调用基类的构造函数

8. 以下有关抽象类的叙述不正确的是_____。
A. 可以说明抽象类的指针　　　　B. 可以说明抽象类的对象

C. 可以说明抽象类的对象引用　　D. 抽象类中一定含有纯虚函数

9. 下列关于虚函数的描述正确的是_____。

A. 可以将静态的成员函数声明为虚函数

B. 可以将非成员函数声明为虚函数

C. 可以将构造函数和析构函数声明为虚函数

D. 基类中的虚函数继承到派生类中，即使不用 virtual 声明仍为虚函数

10. 下列关于派生类的叙述不正确的是_____。

A. 一个派生类可以有多个基类

B. 一个基类可以派生出多个派生类

C. 派生类可以作为基类派生出新的派生类

D. 派生类继承了基类的所有成员

11. 下列关于派生类的叙述正确的是_____。

A. 派生类只能继承基类的公有成员

B. 派生类只能继承基类的保护成员

C. 派生类只能继承基类的非私有成员

D. 派生类能继承基类所有访问权限的成员

12. 以下有关抽象类的叙述不正确的是_____。

A. 抽象类至少含有一个纯虚函数

B. 抽象类至少含有一个没有函数体的虚函数

C. 在抽象类的派生类中可以提供纯虚函数的实现代码

D. 抽象类只能作为基类派生出新类，不能定义抽象类的指针或对象引用

13. 以下对派生类的描述正确的是_____。

A. 公有派生时，从基类继承来的派生成员的访问权限保持不变

B. 私有派生时，从基类继承来的派生成员的访问权限保持不变

C. 保护派生时，从基类继承来的派生成员的访问权限保持不变

D. 无论何种派生方式，从基类继承来的派生成员的访问权限都会发生变化

14. 派生类构造函数的成员初始化列表中不能包含_____。

A. 基类对象成员的初始化　　　　B. 其他类对象成员的初始化

C. 派生类对象成员的初始化　　　　D. 派生类普通数据成员的初始化

15. 设有类的定义如下：

```
class A{ };
class B:public A{ };
class C:public A{ };
class D:public C,public B{ };
```

则在产生类 D 的对象时，构造函数的执行顺序是_____。

A. 类 A→类 B→类 A→类 C→类 D　B. 类 A→类 C→类 A→类 B→类 D

C. 类 A→类 B→类 C→类 D　　　　D. 类 A→类 C→类 B→类 D

16. 设有类的定义如下：

```
class A{ };
class B:virtual public A{ };
class C:virtual public A{ };
class D:public B,public C { };
```

则在产生类 D 的对象时，构造函数的执行顺序是_____。

    A. 类 A→类 B→类 A→类 C→类 D    B. 类 A→类 C→类 A→类 B→类 D

    C. 类 A→类 B→类 C→类 D         D. 类 A→类 C→类 B→类 D

17. 设有类的定义如下：

```
class A{ };
class B { };
class C:public B {A t;};
```

则在释放类 C 的对象时，析构函数的调用顺序是_____。

    A. 类 A→类 B→类 C         B. 类 B→类 A→类 C

    C. 类 C→类 A→类 B         D. 类 C→类 B→类 A

18. 设有类的定义如下：

```
class A{ };
class B { };
class C:public B,public A{
public:
    C():A(),B(){ }
};
```

则在释放类 C 的对象时，析构函数的执行顺序是_____。

    A. 类 A→类 B→类 C         B. 类 B→类 A→类 C

    C. 类 C→类 A→类 B         D. 类 C→类 B→类 A

19. 设有类的定义如下：

```
class A{ };
class B :public A{ };
class C:public B{ };
```

则在产生类 C 的对象时，构造函数的执行顺序是_____。

    A. 类 A→类 B→类 C         B. 类 B→类 C

    C. 类 C→类 B             D. 类 C→类 B→类 A

20. 若类 B 是类 A 的派生类，且类 B 只定义了一个构造函数 B::B( ){ }，则下列叙述正确的是_____。

    A. 类 A 可能没有构造函数

B. 类 A 一定没有定义构造函数

C. 类 A 一定有缺省的构造函数

D. 产生类 B 的对象时将不调用类 A 的构造函数

## 二、填空题

1. 设有类的定义如下：

```
class A{
    int a;
public:
    int b;
    A( ){a=b=c=0;}
protected:
    int c;
};
class B:public A{
    int x;
public:
    int y;
    B( ){x=y=z=1;}
protected:
    int z;
};
```

(1)类 B 中的数据成员有___①___，其中公有成员有___②___，保护成员有___③___，私有成员有___④___；在类 B 中可直接访问的成员有___⑤___，在主函数中可直接访问的成员有___⑥___。

(2)若为保护派生，则类 B 的数据成员中，公有成员有___①___，保护成员有___②___，私有成员有___③___；在类 B 中可直接访问的成员有___④___，在主函数中可直接访问的成员有___⑤___。

(3)若为私有派生，则类 B 的数据成员中，公有成员有___①___，保护成员有___②___，私有成员有___③___；在类 B 中可直接访问的成员有___④___，在主函数中可直接访问的成员有___⑤___。

2. 在定义派生类时，缺省的继承方式是_____派生。

3. 在派生类中如果没有定义基类的纯虚函数，则该派生类是_____类。

4. 保证公共基类的成员在派生类中只出现一次的方法是将基类说明为_____类。

5. 含对象成员的派生类构造函数中，通常通过调用___①___名称调用基类构造函数初始化派生成员，而通过___②___名称调用对象的构造函数初始化对象成员。

6. 函数重载、运算符重载属于___①___联编，其多态性称为静态多态性或___②___多态性；动态联编实现的是运行时的多态性，必须在具有继承关系的类中通过基类的指针或对象引用，以及___③___才能实现。

7. 分析以下程序，写出程序运行结果。

```cpp
#include<iostream.h>
class A{
protected:
  int x;
public:
  A(){x=0;}
  A(int a){ x=a;}
};
class B:public A{
  int y;
public:
  B(int a,int b):A(b)
  {
      y=a;
  }
  B(int a) { y=a; }
  void print()
  {
      cout<<x<<'\t'<<y<<'\n';
  }
};
void main(void )
{
  B b1(1,2); b1.print();
  B b2(5); b2.print();
}
```

以上程序的输出结果如下：

_____①_____
_____②_____

8. 分析以下程序，写出程序运行结果。

```cpp
#include<iostream.h>
class A{
protected:
  int m,a;
```

```
public:
  A(int x,int y) { m=x; a=y; }
  void print () { cout<<m<<'\t'<<a<<'\n'; }
};
class B{
protected:
  int m,b;
public:
  B(int x,int y) { m=x; b=y; }
  void print () { cout<<m<<'\t'<<b<<'\n'; }
};
class C:public A,public B{
  int m,c;
public:
  C(int x,int y):A(x,y),B(2*x,2*y)
  {
        m=3*x; c=3*y;
  }
  void print()
  {
        cout<<a<<'\t'<<b<<'\t'<<c<<'\t'<<m<<'\n';
        A::print();
        B::print();
  }
};
void main(void )
{
  C t(10,100);
  t.print();
}
```

以上程序的输出结果如下：

_____①_____

_____②_____

_____③_____

9. 分析以下程序，写出程序运行结果。

```
#include<iostream.h>
class Base{
```

```
    int x;
public:
    Base(int a) { x=a; cout<<x<<'\t'; }
    ~Base( ) { cout<<2*x<<'\n';}
};
class Derived:public Base{
    int y;
public:
    Derived(int a,int b):Base(a)
    {
        y=b; cout<<y<<'\t';
    }
    ~Derived( ) { cout<<2*y<<'\t'; }
};
void main(void )
{
    Derived d(5,10);
    cout<<'\n'<<"end."<<'\n';
}
```

以上程序的输出结果如下：

_____①_____

_____②_____

_____③_____

10. 分析以下程序，写出程序运行结果。

```
#include<iostream.h>
#include<string.h>
class A{
    char s[20];
public:
    A(char *p) { strcpy(s,p); cout<<s<<'\t'; }
    ~A( ) { cout<<"~"<<s<<'\n';}
};
class B{
    char str[20];
    A obj;
public:
    B(char *p1,char *p2):obj(p1)
```

```
    {
        strcpy(str,p2); cout<<str<<'\t';
    }
    ~B( ) { cout<<"~"<<str<<'\t'; }
};
void main(void )
{
  B d("classA","classB");
  cout<<'\n'<<"end."<<'\n';
}
```

以上程序的输出结果如下：

_____①_____

_____②_____

_____③_____

11. 分析下列程序，写出程序运行结果。

```
#include<iostream.h>
class A{
public:
  A() { cout<<"build A\n"; }
  ~A() { cout<<"release A\n"; }
};
class B{
public:
  B() { cout<<"build B\n"; }
  ~B() { cout<<"release B\n"; }
};
class C{
public:
  C() { cout<<"build C\n"; }
  ~C() { cout<<"release C\n"; }
};
class D:public B,public A{
  C c;
  A a;
public:
  D() { cout<<"build D\n"; }
  ~D() { cout<<"release D\n"; }
```

```
};
void main()
{
   D t;
}
```

以上程序运行时共输出___①___行，其中第 1 行是___②___，第 3 行是___③___，第 7 行是___④___。

12. 分析以下程序，写出程序运行结果。

```
#include<iostream.h>
class A{
public:
   A(char* p) { cout<<p<<endl; }
   A(){};
};
class B:virtual public A{        //A
public:
   B(char* p1,char *p2):A(p1)
   { cout<<p2<<endl; }
};
class C:public virtual A{        //B
public:
   C(char* p1,char* p2):A(p1)
   { cout<<p2<<endl; }
};
class D:public B,public C{
public:
   D(char* p1,char* p2,char* p3,char* p4):B(p1,p2),C(p1,p3)
   { cout<<p4<<endl; }
};
void main( )
{
   D* ptr=new D("class A","class B","class C","class D");
   delete ptr;
}
```

以上程序的输出结果如下：

___①___

___②___
___③___

若去掉 A 行和 B 行的 virtual，运行时共输出___④___行。

13. 分析以下程序，写出程序运行结果。

```
#include<iostream.h>
class A{
  int a;
public:
  A(int x=10){a=x;}
  virtual void print() { cout<<a<<'\t'; }
};
class B:public A{
  int b;
public:
  B(int x) { b=x; }
  void print() { cout<<b<<'\t'; }
};
void main(void)
{
  A a(5),*p;
    B b(20);
    a.print(); p=&a; p->print();
  cout<<endl;
    b.print(); p=&b; p->print();
  cout<<endl;
}
```

以上程序的输出结果如下：
___①___
___②___

14. 分析以下程序，写出程序运行结果。

```
#include<iostream.h>
class A{
protected:
  int a;
public:
  A(int x=10){a=x;}
```

```
    virtual void print() { cout<<a<<'\n'; }
};
class B:public A{
    int b;
public:
    B(int x) { b=x; }
    void print() { cout<<a<<'\t'<<b<<'\n'; }
};
void f(A t) { t.print(); }
void fun(A &t) { t.print(); }
void main(void)
{
        B b(20);
        f(b);
        fun(b);
}
```

以上程序的输出结果如下：

    ①    

    ②    

15. 分析以下程序，写出程序运行结果。

```
#include<iostream.h>
class B{
protected:
    int x,y;
public:
    B(int a,int b) { x=a; y=b; }
    void f1() { cout<<x<<endl; }
    virtual void f2() { cout<<y<<endl; }
};
class D:public B{
    int a,b;
public:
    D(int x,int y):B(x,y)
    {
            a=10*x; b=10*y;
    }
    void f1() { cout<<a<<'\t'<<x<<endl; }
```

```
    void f2() { cout<<b<<'\t'<<y<<endl; }
};
void main(void )
{
  B objB(1,3),*p;
  D objD(5,10);
  p=&objB; p->f1(); p->f2();
  p=&objD; p->f1(); p->f2();
}
```

以上程序的输出结果如下：

| ① |
| ② |
| ③ |
| ④ |

16. 分析以下程序，写出程序运行结果。

```
#include <iostream.h>
class Base{
public:
  void virtual f() { cout<<"Base::f()"<<endl; }
  void virtual fun() { cout<<"Base::fun()"<<endl; }
};
class A:public Base{
public:
  void f(int a=0) { cout<<"A::f()"<<endl; }
};
class B:public A
{
  void f() { cout<<"B::f()"<<endl; }
  void fun() { cout<<"B::fun()"<<endl; }
};
void main(void)
{
  B b;
  Base *p=&b;
  A *q=&b;
  p->f(); p->fun();
  q->f(); q->fun();
```

```
}
```
以上程序的输出结果如下：
_____①_____
_____②_____
_____③_____
_____④_____

17. 分析以下程序，写出程序运行结果。

```
#include<iostream.h>
#include<string.h>
class People{
public:
  People(char *s)
  {
      name=new char [strlen(s)+1];
      strcpy(name,s);
  }
  ~People( ){ delete name; }
  virtual void print () { cout<<"姓名"<<name<<"\n"; }
protected:
  char *name;
};
class Manager:public People{
public:
  Manager(char *s,double g):People(s) { x=g; }
  void print () { cout<<"姓名"<<name<<"年薪"<<x<<"万元\n"; }
private:
  double x;
};
class Worker:public People{
public:
  Worker(char *s):People(s){ }
  void print (int n) { cout<<"姓名"<<name<<"月工资"<<n*0.1<<"元\n"; }
};
void main(void )
{
  People* p;
  Manager m("陈涛",6.8);
```

```
Worker w("李原");
p=&m; p->print ();
p=&w; p->print (); w.print(40000);
}
```

以上程序的输出结果如下：

_____①_____

_____②_____

_____③_____

18. 分析以下程序，写出程序运行结果。

```
#include<iostream.h>
class A{
  int x;
public:
  A(int a) { x=a; }
  int getx() { return x; }
  virtual void print ()=0;
  void fun() { print(); }
};
class B:public A{
  int y;
public:
  B(int a,int b):A(a) { y=b; }
  int gety() { return y; }
  void print (){cout<<getx()+y<<'\n';}
};
class C:public B{
  int z;
public:
  C(int a,int b,int c):B(a,b) { z=c; }
  void print () { cout<<getx()+gety()+z<<'\n';}
};
void main(void )
{
  A *p;
  B b1(10,100);
  C c1(20,200,2000);
  p=&b1;p->fun();
```

```
      p=&c1;p->fun();
}
```

以上程序的输出结果如下：

_____①_____

_____②_____

19. 根据以下程序的运行结果，在空格处填上适当的语句，使其能正确运行。

```
#include<iostream.h>
#include<string.h>
class Base1{
_____①_____:
  char str[20];
public:
  Base1(char *s) { strcpy(str,s); }
};
class Base2{
  char str[20];
public:
  Base2(char *s) { strcpy(str,s); }
  char* get(){ return str; }
};
class Derived: Base1,Base2{
  char str[20];
public:
  Derived(char *s1, char *s2, char *s3):_____②_____
  {
      strcpy(str,s3);
  }
  void print()
  {
      cout<<_____③_____<<'\n'<<get()<<'\n'<<str<<'\n';
  }
};
void main(void)
{
  Derived test("String A","String B","String C");
  _____④_____;
}
```

以上程序的输出结果如下：

String A

String B

String C

20. 根据以下程序的运行结果，在空格处填上适当的语句，使其能正确运行。

```cpp
#include<iostream.h>
class A{
protected:
  int a;
public:
  A(int x) { a=x; }
  _____①_____ ;
};
class B{
  int b;
public:
  B(int x) { b=x; }
  void show() { cout<<b<<endl; }
};
class C:public A{
  int c;
  B b1;
public:
  _____②_____ ;
  void show()
  {
      cout<<a<<'\t'<<c<<'\t';
      b1.show();
  }
};
C::C(int x,int y,int z) :A(x),_____③_____ { c=z; }
void fun( A ___④___ ) { t.show( ); }
void main(void)
{
  C c(10,20,30);
  A *p=&c;
  p->show();
```

```
    fun(c);
}
```

以上程序的输出结果如下：

10　　　　30　　　　20

10　　　　30　　　　20

## 三、编程题

1. 设计一个程序，求长方形的面积和长方体的表面积、体积，具体要求如下。

(1)把长方形类 Rectangle 作为基类，包含数据成员长、宽，长方形面积(长方体表面积)，初始化长和宽的构造函数，求长方形面积的功能函数 function，按指定格式输出数据成员的函数 show。

(2)定义类 Rectangle 的公有派生类 Cuboid，新增数据成员长方体高和体积，初始化长、宽、高的构造函数，求长方体表面积的功能函数 function，求长方体体积的功能函数 fun，按指定格式输出长方体数据成员的函数 show。

(3)在主函数中测试所定义的类，输出结果如下。

长为 2，宽为 3 的长方形面积为 6

长为 2，宽为 3，高为 4 的长方体表面积为 52，体积为 24

2. 设计一个程序，通过多基类继承产生并输出圆桌的相关信息，具体要求如下。

(1)定义基类 Circle 作为桌面，包含数据成员桌面半径和面积，用参数初始化桌面半径的构造函数。

(2)定义基类 Table 为桌子，包含数据成员桌子高度，用参数初始化桌子高度的构造函数。

(3)定义类 Circle 和类 Table 的公有派生类 Roundtable，新增用指针变量表示圆桌颜色的数据成员，初始化高度、半径和颜色的构造函数，求桌面面积的函数 fun，按指定格式输出数据成员的输出函数，在析构函数中释放动态空间。

(4)在主函数中测试所定义的类，输出结果如下。

高度：0.75 米

面积：3.7994 平方米

颜色：黑色

3. 设计一个程序，计算企业的经营税。根据税务法，服务性企业征收营业税，税金为经营收入的 5%；生产性企业征收增值税，税金为经营收入的 17%，具体要求如下。

(1)定义抽象类 Tax，包含数据成员企业名称、经营收入和应交税金，初始化企业名称和经营收入的构造函数，计算税金的纯虚函数，输出数据成员的输出函数。

(2)定义服务性企业类 Service 作为类 Tax 的派生类，包含初始化企业名称和经营收入的构造函数，计算服务性企业营业税的功能函数。

(3)定义生产性企业类 Fabrication 作为类 Tax 的派生类，包含初始化企业名称和经营收入的构造，计算生产性企业增值税的功能函数。

(4)计算并输出税金的外部函数。

(5)在主函数中定义类 Service 和类 Fabrication 的对象并分别调用输出函数、外部函数，实现运行的多态性。程序运行结果如下(带下划线部分为键盘输入内容)。

请输入服务性企业名称：China Telecom

请输入经营收入(万元)：10000

China Telecom 的经营收入为 10000 万元，税金为 500 万元

请输入生产性企业名称：China Sinopec

请输入经营收入(万元)：50000

China Sinopec 的经营收入为 50000 万元，税金为 8500 万元

4. 设计一个程序，根据表 8-1 把高校男生的原始体育成绩转换为等级。

表 8-1  体育成绩表(高校男生)

| 项目 \ 成绩 | 优秀 | 良好 | 及格 | 不及格 |
|---|---|---|---|---|
| 50m 跑(s) | ≤6.50 | ≤6.70 | ≤7.10 | >7.10 |
| 100m 跑(s) | ≤13.10 | ≤13.70 | ≤14.90 | >14.90 |
| 1000m 跑(s) | ≤203.00 | ≤213.00 | ≤233.00 | >233.00 |
| 1500m 跑(s) | ≤323.00 | ≤337.00 | ≤365.00 | >365.00 |

具体要求如下。

(1)定义类 Sports 作为抽象类，包含以下成员。

①保护数据成员。

```
int item;               //项目
char name[20];          //姓名
double score;           //原始成绩
char grade[10];         //评定等级
```

②公有成员函数。

```
Sports(int i,char *n); //用 i 初始化 item,用 n 初始化 name,并输入原始成绩
void show();            //按指定格式输出数据成员
virtual void change()=0;
```

(2)定义类 Sports 的公有派生类 Run50，把 50m 跑原始成绩转换为等级；

(3)定义类 Sports 的公有派生类 Run100，把 100m 跑原始成绩转换为等级；

(4)定义类 Sports 的公有派生类 Run1000，把 1000m 跑原始成绩转换为等级；

(5)定义类 Sports 的公有派生类 Run1500，把 1500m 跑原始成绩转换为等级；

(6)用以下主函数测试所定义的类，实现运行的多态性。

```
void main()
{
    Sports *s;
    int it;
    cout<<"请输入项目(50/100/1000/1500)：";    cin>>it;
    char na[20];
    cout<<"请输入姓名：";    cin>>na;
    switch(it)     {
    case 50:      Run50 r50(it,na);
                  s=&r50;  s->change();  s->show();
                  break;
    case 100:     Run100 r100(it,na);
                  s=&r100;  s->change();  s->show();
                  break;
    case 1000:    Run1000 r1000(it,na);
                  s=&r1000; s->change(); s->show();
                  break;
    case 1500:    Run1500 r1500(it,na);
                  s=&r1500; s->change(); s->show();
                  reak;
    default:      cout<<"项目输入错误\n";  exit(0);
    }
}
```

程序运行结果如下(带下画线部分为键盘输入内容)：

请输入项目(50/100/1000/1500)：<u>1500</u>

请输入姓名：<u>WangJunxia</u>

请输入原始成绩：<u>256</u>

WangJunxia 的 1500m 成绩为 256s，等级为优秀

# 8.4　实验内容与指导

【实验目的】

1. 理解派生类、虚函数的定义。

2. 掌握定义派生类的方法，进一步提高面向对象编程的技能。

3. 理解静态多态性和动多态性的差异。

【实验内容】

1. 设计一个程序求三角函数的值，具体要求如下。

(1)定义类 Trigonometric 作为基类，包含以下成员。

①保护数据成员。

```
double arc;              //弧度
double value;            //三角函数值
```

②公有构造函数 Trigonometric(int t)：用度数 t 初始化弧度 arc，并置 value 为 0。

(2)定义类 Trigonometric 的公有派生类 Sine，求正弦值，新增如下公有成员函数。

```
double f1(double x,int n) ;      //求 x^n
int f2(int n) ;                  //求 n！
void function();                 //求正弦值，公式为
```

$sin(x)=x-x^3/x!+x^5/5!-x^7/7!+\cdots+(-1)^{n-1}x^{2n-1}/(2n-1)!$

要求最后一项的值精度达到小于 $10^{-6}$*/

```
void show();                     //按指定格式输出数据成员
```

(3)在主函数中对定义的类进行测试，运行结果如下(带下划线部分为键盘输入内容)。

请输入度数：390

$sin(0.523598)=0.5$

2. 设计一个程序判断某人是否为优秀教师或优秀学生。判断条件是如果学生的分数大于 90，则为优秀学生；如果教师发表的论文数大于 5，则为优秀教师，具体要求如下。

(1)定义类 People 作为抽象类，包含如下成员。

①保护数据成员。

```
char category[20]; //人员类别
char name[10];     //姓名
int num;           //分数或论文数
int result;        //结论，1 为优秀，0 为不优秀
```

②公有成员函数。

```
People( );          //构造函数，输入人员类别和姓名
void show();        //按指定格式输出判断结果
virtual void inputnum()=0;
virtual void isgood( )=0;
```

(2)定义类 People 的公有派生类 Student。

```
void inputnum();    //输入分数
void isgood( );     //根据分数求结论
```

(3)定义类 People 的公有派生类 Teacher。

```
void inputnum( ) ;  //输入论文数
```

```
void isgood( ) ;      //根据论文数求结论
```
(4)在主函数中对定义的类进行测试。

【实验指导】

1. 提示以下几点。

(1)定义派生类的构造函数时，必须调用基类的构造函数。

(2)把度数转换成弧度的方法是：arc=t%360*3.14/180。

(3)求 sin(x)，即 value 的值时，通过循环求各项的和；调用函数 f1 求 $x^n$，调用函数 f2 求 n!，然后乘以符号(k)得到各项；变换符号的方法是 k*=-1。

2. 在类 Student 和类 Teacher 中，根据题意重新定义公有虚函数 inputnum 和 isgood。

【实验思考】

1. 把度数 t 转换成弧度 arc 时，采用下列方法会出现什么结果？为什么？

(1) arc=t%360/180*3.14。

(2) arc=3.14*t%360/180。

2. 若通过类 People 对象的引用实现运行的多态性，程序应作怎样的修改？

# 第9章 友元函数与运算符重载

## 9.1 知识点概要

### 9.1.1 友元函数

C++提供了 3 种友元关系的实现方式：友元函数、友元类和友元成员函数。友元函数的定义格式如下：

```
friend  函数类型  函数名(形参)
{  函数体      }
```

例如：

```cpp
#include <iostream.h>
class A{
      int a , b;
      friend void print( A);
  public :
      A(int x , int y)
      {  a=x;  b=y;  }
      friend void show(A *p)
      {  cout<<p->a<<'\n';
         cout<<p->b<<'\n';
      }
};
void print(A t)
{   cout<<t.a<<'\n';
    cout<<t.b<<'\n';
}
void main( )
{
    A a1(10 , 20);
    print(a1);                //A行
    show(&a1);                //B行
}
```

在类中可以只对友元函数进行原型说明，在类体外进行函数定义，如上面的友元函数 print；也可以在类中对友元函数进行定义，如上面的友元函数 show。

友元函数不是类的成员函数，所以在友元函数中对类对象的成员进行访问时，必须指明该成员所属的对象。如 print 函数的形参就是类 A 的对象 t，通过对象 t 访问对象的所有成员。

同样，由于友元函数不是类的成员，调用友元函数时不需要也不能指明其所属的类或对象，如程序中的 A 行不能写成 A::print(a1)或 a1.print(a1)。

### 9.1.2 运算符重载

运算符重载是对已有的运算符重新定义一个新的功能，使其能对相应的类的对象进行运算。运算符重载既可以通过类的成员函数实现，也可以通过类的友元函数实现。运算符重载函数的函数名与其他函数名不同，是由关键字 operator 与其后的一个运算符一起构成特殊的函数名。运算符重载函数定义格式如下：

(1)用类的成员函数重载。

函数类型 operator 运算符(参数表)
{ 函数体 }

(2)用类的友元函数重载

friend 函数类型 operator 运算符(参数表)
{ 函数体}

运算符重载必须注意以下几点。

(1)以下运算符不能重载：成员运算符"•"、指针运算符"*"、作用域运算符"::"、条件运算符"?:"、求字节长度运算符"sizeof()"。

(2)不能用友元函数重载的运算符有赋值运算符"="、数组下标运算符"[ ]"、函数调用运算符"()"和指针访问成员运算符"->"。只能用友元函数重载的是插入运算符"<<"和提取运算符">>"。

(3)运算符重载不能改变运算符的优先级、操作数的个数和结合性等基本性质。

(4)重载运算符限制在 C++中已有的运算符范围内，不能创建新的运算符。

### 9.1.3 一元运算符重载

1. 用成员函数重载一元运算符

由于自增和自减运算符均有前置和后置的区别，所以，如果重载后置自增或自减运算符必须在相应的重载函数定义时加一个形式参数 int，以示与前置的区别，并且其后可以不给出变量名。定义格式如下：

(1)++为前缀形式。

函数类型 operator++(void)
{ 函数体}

(2)++为后缀形式。

```
函数类型 operator++(int)
{ 函数体}
```

例如:

```
#include <iostream.h>
class A{
   int s[2];
public:
   A(int x=0,int y=0)
   {  s[0]=x;  s[1]=y;  }
   A operator++()
   {
      ++s[0];
      ++s[1];
      return *this;
   }
   A operator++( int)
   {
      A t1=*this;
      ++*this;    // ++前缀形式已经重载过
      return t1;
   }
   void print( )
   {  cout<<s[0]<<'\t'<<s[1]<<'\n';}
};
void main( )
{
   A a1, a2;
   ++a1;
   a1.print( );
   a1=a2++;
   a1.print( );
   a2.print( );
}
```

实现前置"++"的重载函数中,应将加 1 后的对象作为返回值,因为是用成员函数重载的,用 this 指针就很恰当,所以函数返回了*this 的值。

在定义后置"++"的重载函数时，应返回当前对象的值，然后再做自增运算。函数体中将当前对象的值*this 保存在临时对象 t1 中，当前对象完成加 1 运算后，函数返回自增前对象的值。

主函数中，执行语句"++a1;"时，系统自动调用自增运算符"++"的重载函数。编译器解释为"a1.operator++();"，函数不带参数。

2．用友元函数重载一元运算符

用友元函数重载一元运算符"++"和"－－"，由于其函数运行是针对对象自身的操作，所以重载函数的参数不能是值传递。并且友元函数没有隐含的 this 指针，因此重载函数应带一个参数。例如：

```cpp
#include <iostream.h>
class A{
  int s[2];
public:
  A(int x=0,int y=0)
  {  s[0]=x; s[1]=y;  }
  friend A operator++(A &t)
 {
    ++t.s[0];
    ++t.s[1];
    return t;
 }
  friend A operator++(A &t , int)
 {
    A t1=t;
    ++t;    // "++" 前缀形式已经重载过
    return t1;
 }
  void print( )
  {   cout<<s[0]<<'\t'<<s[1]<<'\n';}
};
void main( )
{
    A a1, a2;
    ++a1;
    a1.print( );
    a1=a2++;
    a1.print( );
```

```
    a2.print( );
  }
```

### 9.1.4 二元运算符重载

1. 用成员函数重载二元运算符

用成员函数重载二元运算符时，运算符的左操作数一定是对象，因为要通过其调用成员函数。右操作数作为重载函数的实参，可以是对象、对象的引用或其他数据类型，如整型、实型。成员函数重载二元运算符，重载函数的参数个数为1。例如：

```cpp
#include <iostream.h>
class A{
  int s[2];
public:
  A(int x=0,int y=0)
  { s[0]=x; s[1]=y;     }
  A operator+(A m)
  {
    A t;
    t.s[0]=s[0]+m.s[0];
    t.s[1]=s[1]+m.s[1];
    return t;
  }
  void operator+=( int y)
  {
    s[0]+=y;
    s[1]+=0;
  }
  void print( )
  { cout<<s[0]<<'\t'<<s[1]<<'\n';}
};
void main( )
{
    A a1(1,2), a2(2,3), a3;
    a3=a1+a2;
    a3.print( );
    a1+=100;
    a1.print( );
}
```

**2. 用友元函数重载二元运算符**

用友元函数重载二元运算符时，参数个数为 2，其参数至少要有一个为类的对象；对于复合赋值运算符，被赋值的参数应为对象，参数为引用传递，不能是值传递。例如：

```
#include <iostream.h>
class A{
    int s[2];
public:
    A(int x=0,int y=0)
    {  s[0]=x; s[1]=y; }
    friend A operator+(A t, int m)
    {
        A temp;
        temp.s[0]= t.s[0]+m;
        temp.s[1]=t.s[1];
        return temp;
    }
    friend void operator+=(A &t1, A t2)
    {
        t1.s[0]+= t2.s[0];
        t1.s[1] += t2.s[1];
    }
    void print( )
    {  cout<<s[0]<<'\t'<<s[1]<<'\n';}
};
void main( )
{
    A a1(1,2), a2(2,3), a3;
    a3=a1+100;
    a3.print( );
    a1+=a2;
    a1.print( );
}
```

通常运算符重载的操作结果是一个对象，所以其重载函数的返回值类型为其所属类的对象。而对于一个复合赋值运算符的重载函数，由于将操作结果赋给了其所属的对象，所以它可以没有返回值。

通过成员函数重载运算符与通过友元函数重载运算符，其重载函数定义时友元重载函数的参数比同一个运算符的成员重载函数多一个参数。

## 9.2　典型例题解析

【例9.1】友元关系不能＿＿＿＿＿＿。

A. 提高程序的运行效率　　　　　　　B. 是类与类的关系

C. 是一个类的成员函数与另一个类的关系　　D. 继承

【答案】D

【解析】友元可以访问类中的所有成员，可直接调用，从而提高程序的运行效率；可以将一个类定义为另一个类的友元，也可以将一个类的成员函数定义为另一个类的友元函数。友元关系不可以继承。

【例9.2】下列关于运算符重载的描述错误的是＿＿＿＿＿＿。

A. 有的运算符可以作为非成员函数重载

B. 所有的运算符都可以通过重载而被赋予新的含义

C. 不得为重载的运算符函数的参数设置默认值

D. 有的运算符只能作为成员函数重载

【答案】B

【解析】运算符可以用成员函数重载，也可以用友元函数重载。赋值运算符"="、数组下标运算符"[ ]"、函数调用运算符"()"和指针访问成员运算符"–>"，不能用友元函数重载。只能用友元函数重载的是插入运算符"<<"和提取运算符">>"。C++程序中大多数运算符都可以重载，不能重载的是成员运算符"•"、指针运算符"*"、作用域运算符"::"、条件运算符"?:"、求字节长度运算符"sizeof()"。

【例9.3】下列关于运算符重载函数的定义中，不属于类 Value 的成员函数的是＿＿＿＿＿＿。

A. Value operator+(Value)；　　　B. Value operator*(int)；

C. Value operator–(Value,Value)；　D. Value operator/(Value)；

【答案】B

【解析】运算符"+"、"–"、"*"、"/"是二元运算符，用成员函数重载时，函数形参的个数是 1 个，可以是对象、对象的引用或者其他类型的参数。运算符的左操作数是对象，右操作数作为调用运算符重载函数的实参。

【例9.4】定义一维数组类 Array，成员数组使用动态内存。重载自增和自减运算符(前置、后置)实现数组元素的自增和自减，具体要求如下。

(1)私有数据成员如下。

```
int *p;        //表示一维数组
int n;         //一维数组的大小
```

(2)公有成员函数如下。

```
Array(Array &t) ;                      //构造函数，初始化数据成员
```

```
Array(int pp[], int m) ;                  //构造函数，初始化数据成员
Array & operator=(Array &t);              //重载赋值运算符"="
Array operator++();                       //重载前置自增的成员函数
Array operator++(int);                    //重载后置自增的成员函数
friend Array operator--(Array &t);        //重载前置自减的友元函数
friend Array operator--(Array &t,int);    //重载后置自减的友元函数
void print();                             //输出数组成员的函数
~Array();                                 //析构函数,释放动态内存
```

(3) 以数组{1，2，3，4，5，6，7}对所定义的类进行测试，要求输出数组元素的自增和自减(前置、后置)情况。

【程序】

```
#include<iostream.h>
class Array{
    int *p;
    int n;
public:
    Array(Array &t)
    {   n=t.n;p=new int[n];
        for(int i=0;i<n;i++) p[i]=t.p[i];
    }
    Array(int pp[],int m)
    {   n=m;p=new int[n];
        for(int i=0;i<n;i++) p[i]=pp[i];
    }
    Array & operator=(Array &t)
    {   n=t.n;
        if(p)delete []p;
        if(t.p){
            p=new int [n];
            for(int i=0;i<n;i++) p[i]=t.p[i];
        }
        else p=0;
        return *this;
    }
    void print()
    {   for(int i=0;i<n;i++) cout<<p[i]<<'\t';
        cout<<endl;
```

```
    }
    Array operator++()
    {    for(int i=0;i<n;i++) ++p[i];
         return *this;
    }
    Array operator++(int)
    {    Array ar=*this;              //A
         ++(*this);
         return ar;
    }
    friend Array operator--(Array &t)
    {    for(int i=0;i<t.n;i++) --t.p[i];
         return t;
    }
    friend Array operator--(Array &t,int)
    {    Array ar=t;
         --t;
         return ar;
    }
    ~Array()  {if(p)delete []p;}
};
void main()
{
    int a[]={1,2,3,4,5,6,7};
    Array arr(a,7),ar(arr);
    arr.print();ar.print();
    ar=++arr; arr.print();
    ar=arr++; arr.print();
    ar=--arr; arr.print();
    ar=arr--; arr.print();
}
```

【解析】由于程序中使用了实现拷贝功能的构造函数 Array ar(arr)以及对象之间的赋值，且对象的成员使用了动态内存，故必须显式定义实现拷贝功能的构造函数 Array(Array &t)，并重载赋值运算符 Array &operator=(Array &t)，以避免在释放动态内存时出错。运算符"++"和"－－"是一元运算符，用成员函数重载时，函数形参的个数是 0；用友元函数重载时，函数形参的个数是 1。用成员函数重载"++"和"－－"运算符时，要恰当地运用 this 指针，重载前置"++"时，自增运算完毕，函数返回当前对象，即"return *this;"重载后置"++"时，先将当前对象的值保存下来，即"Array ar=*this;"，再自增。用友元函数重载运算符时，没有 this 指针，因此要恰当地使用临时对象来保存对象的值。

【例 9.5】在 C++程序中，系统对数组的下标不作合法性检查，定义一个下标运算符的重载函数，保证对对象的成员数组操作时下标不越界。

【程序】

```
#include<iostream.h>
#include<string.h>
class A {
        char *s;
    public:
        A(char *p)
        {  s=new char[strlen(p)+1];
            strcpy(s , p);
        }
        ~A( ) {delete [ ]s;}
        char &operator[ ](int i)
        {  int n=strlen(s);
            if(i<n&&i>=0)
            return s[i];
            else{
                cout<<"\nIndex out of range !\n";
                char c='\0';
                return c;
            }
        }
};
void main( )
{   A a1("String1");
    for(int i=0; i<8; i++)
        cout<<a1[i];
}
```

【解析】在下标运算符的重载函数中，其返回值定义为引用类型，因为该类型对象的私有数据成员是字符型的指针变量，该变量指向一个字符数组，其数组元素可能出现在赋值语句的左边，其值可以改变，所以定义为引用类型。在重载函数中，下标不越界，函数返回数组元素值；下标越界，函数本来应返回一个空字符，但因函数的返回值为字符的引用，C++语言规定不能对一个常量进行引用，所以先在 B 行定义一个值为"\0"

的变量，作为函数的返回值。

【例 9.6】以下程序定义了一个字符串类 String，通过友元函数重载运算符 "−" 实现两个字符串的相减运算。字符串 str1 减去字符串 str2 的定义如下：如果 str2 为 str1 的子串，则从 str1 中删去第 1 次出现的 strl 子串；如果 str2 不为 str1 的子串，则结果仍为 str1。例如：设 str1 为 abcde123fg123456，str2 为 123，则 str1−str2 的结果为 abcdefg123456。请完善程序。

【程序】

```cpp
#include <iostream.h>
#include <string.h>
class String{
    char *s;
public:
    String(char *str=0)                    //参数为字符串的构造函数
    {
        if(str){
            s=new char [strlen(str)+1];
        strcpy(s ,str);
        }
        else s=0;
    }
    String(String &t)                      //复制构造函数
    {   s=new char[strlen(t.s)+1];
        strcpy(s ,t.s);
    }
    ~String(){if (s)delete [strlen(s)+1]s;}
    void show(){cout<<s<<'\n';}
    String& operator=(String &str);
    friend String operator-(String &,String &);
};
    ____①____ (String &str)               // 赋值运算符重载函数
{
    if(s)delete[]s;
    s=____②____;
    strcpy(s,str.s);
    return *this;
}
    ____③____ (String &str1,String &str2)    // "−"运算符重载函数
```

```
{
    String t=str1;                          //A
    char p1[200],*p2;
    strcpy(p1,t.s);
    if(p2=strstr(p1,str2.s)){               //B
        strcpy(p2,p2+strlen(str2.s));       //C
        delete [strlen(t.s)+1]t.s;
        t.s=new char[strlen(p1)+1];
        strcpy(t.s,p1);
    }
    return      ④     ;
}
void main( )
{
    String s1("abcde123fg123456"),s2("123"),s3;
    s3=s1-s2;
    s1.show();s2.show();s3.show();
}
```

【答案】①String& String::operator=　　　②new char[strlen(str.s)+1]
　　　　　③String operator-　　　　　　　　④t

【解析】因为类 String 包含指针类型数据成员 s，指向动态申请的内存空间，所以对象之间不能直接赋值，要重载赋值运算符。程序中 A 行调用完成复制功能的构造函数，所以必须显式定义复制功能的构造函数。

程序中，用成员函数重载"="运算符，用友元函数重载"-"运算符，所以第 1 空在类体外定义"="重载函数时，在类型的后面要加类名和作用域运算符，而在第 3 空定义"-"重载函数时，参数的前面只有类型和函数名。

若 s2 是 s1 的子串，库函数 strstr(s1,s2) 返回 s1 中子串的开始位置，否则返回 0。库函数 strcpy(p, p+n) 的功能是把 p+n 处的字符复制到 p 处，即删除了 p 所指位置后的 n 个字符。然后把删除子串后的字符串作为 t 的成员 s，因为"-"运算符重载函数返回值是类 String 的对象，所以第 4 空应该返回 t。

# 9.3　习　　题

一、选择题

1. 以下关于类的友元函数的描述不正确的是_____。

A. 一个类的友元函数要用 friend 声明

B. 友元函数在类体中声明时，不受类中访问权限的限制

C. 友元函数的作用域与类中成员函数的作用域相同

D. 友元函数体的定义通常放在类定义之外

2. 下面对于友元函数的描述正确的是_____。

A. 友元函数的实现必须在类的内部定义

B. 友元函数是类的成员函数

C. 友元函数破坏了类的封装性和隐藏性

D. 友元函数不能访问类的私有成员

3. 类 A 是类 B 的友元，类 B 是类 C 的友元，则下列说法正确的是_____。

A. 类 B 是类 A 的友元　　　　　B. 类 C 是类 A 的友元

C. 类 A 是类 C 的友元　　　　　D. 以上都不对

4. 一个类的友元函数能够访问该类的_____。

A. 私有成员　　　B. 保护成员　　　C. 公有成员　　　D. 所有成员

5. 下面关于类的成员函数与友元函数的叙述正确的是_____。

A. 一个类的成员函数可以成为另一个类的友元函数

B. 在访问对象时都使用成员运算符 "."

C. 定义时都不需要使用作用域运算符 "::"

D. 都必须定义在类外

6. 下面关于友元函数的描述正确的是_____。

A. 友元函数破坏了类的封装性和隐藏性

B. 友元函数不是类的成员函数，不能访问类的私有成员

C. 友元函数的参数不能是非对象类型的

D. 为了不受访问权限的限制，必须在类的公有部分说明友元函数

7. 如果类 A 是类 B 的友元，则_____。

A. 类 A 的成员是类 B 的成员　　　B. 类 B 的成员是类 A 的成员

C. 类 B 不一定是类 A 的友元　　　D. 类 B 的成员函数可以访问类 A 的所有成员

8. 若在表达式 y/x 中，"/"是作为成员函数重载的运算符，则表达式还可以表示为_____。

A. x.operator/(y)　B. operator/(x,y)　C. y.operator/(x)　D. operator/(y,x)

9. 若在 Com 类中重载自增运算符 "++" 的前缀形式，应在类体内将其声明为_____。

A. Com &operator++();　　　　B. Com &operator++(int);

C. friend Com& operator++();　　D. friend Com& operator++(int);

10. 以下关于运算符重载的叙述正确的是_____。

A. C++已有的任何运算符都可以重载

B. 可以重载 C++中没有的运算符

C. 运算符重载时可改变其优先级

D. 运算符重载时可改变其实现的功能

11. 用友元函数进行双目运算符重载时,该友元函数的参数表中应定义_____个
参数。

　　A. 0　　　　　　　B. 1　　　　　　　C. 2　　　　　　　D. 3

12. 有如下错误的运算符重载函数定义,则以下叙述正确的是_____。

```
double operator+(int i, int k){return double(i+k);}
```

　　A. "+"只能作为成员函数重载,这里的"+"是作为非成员函数重载的

　　B. 两个 int 型参数的和也应是 int 型,这里将函数的返回类型声明为 double

　　C. 没有将运算符重载函数声明为某个类的友元

　　D. C++已经提供了求两个 int 型数据之和的运算符"+",不能再定义同样的运算符

13. 下列运算符中全都可以被友元函数重载的是_____。

　　A. =,+,-,/　　　　B. [],+,(),new　　　C. ->,+,*,>>　　　D. <<,>>,+,*

14. 只能用成员函数重载的是_____。

　　A. =　　　　　　　B. ++　　　　　　　C. *　　　　　　　D. new

15. 下面关于成员函数重载运算符和友元函数重载运算符的叙述正确的
是_____。

　　A. 成员函数和友元函数可重载的运算符是不相同的

　　B. 成员函数和友元函数重载运算符时都需要用到 this 指针

　　C. 成员函数和友元函数重载运算符时都需要声明为公有的

　　D. 成员函数和友元函数重载运算符时的参数可能是相同的

16. 下列关于运算符重载的描述不正确的是_____。

　　A. 运算符重载不能改变运算符的操作数个数

　　B. 运算符重载不能改变运算符的优先级

　　C. 运算符重载不能改变运算符的结合性

　　D. 运算符重载能改变对预定义类型数据的操作方式

17. 重载的运算符">>"是一个_____。

　　A. 用于输入的友元函数　　　　　　B. 用于输入的成员函数

　　C. 用于输出的友元函数　　　　　　D. 用于输出的成员函数

18. 在重载一个运算符时,如果其参数表中有一个参数,则说明该运算符
是_____。

　　A. 一元成员运算符　　　　　　　　B. 二元成员运算符

　　C. 一元友元运算符　　　　　　　　D. 选项 B 和选项 C 都可能

19. 下列运算符在 C++语言中不能重载的是_____。

　　A. *　　　　　　　B. >=　　　　　　　C. ::　　　　　　　D. /

20. 下面关于运算符重载的描述错误的是_____。

　　A. 运算符重载不能改变操作数的个数、运算符的优先级、结合性和运算符的语法结构

　　B. 不是所有的运算符都可以进行重载

　　C. 运算符函数的调用必须使用关键字 operator

D. 在 C++语言中，不可通过运算符重载创造出新的运算符

## 二、填空题

1. 设有友元函数 "friend float fun(A, float *, float *);"，则该函数可能是_____类的友元函数。

2. 友元函数提供了在类外访问类中的私有成员和保护成员的功能，但破坏了类的_____。

3. 友元类的所有成员函数都是另一个类的_____。

4. 用成员函数实现双目运算符重载时，该运算符的左操作数是___①___，其右操作数是___②___。

5. 运算符 "+" 允许重载为类成员函数或者非成员函数，若用 operator+(c1,c2)这样的表达式来使用运算符 "+"，应将 "+" 重载为_____函数。

6. 将 x+y*z 中的 "+" 用成员函数重载，"*" 用友元函数重载应写为_____。

7. 函数重载和运算符重载实现的多态性属于_____多态性。

8. 在定义一个类时，如果仅定义了数据成员，而没有定义成员函数，则由系统自动生成的缺省成员函数包括缺省构造函数、缺省析构函数、_____和复制构造函数。

9. 如果类 A 的成员数据使用了动态内存，且赋值运算符可用于连续赋值(例如：a1=a2=a3，其中，a1，a2 和 a3 为类 A 的对象)，则赋值运算符重载为类 A 的成员函数时，其函数原型为_____。

10. 分析下列程序，写出程序运行结果。

```cpp
#include <iostream.h>
class A{
      int a,b;
      friend void print( A);
   public:
      A(int x,int y){ a=x; b=y; }
      friend void show(A *p)
      {  cout<<p->a<<'\t'; cout<<p->b<<'\t'; }
 };
void print(A t)
{      cout<<t.a<<'\t';
      cout<<t.b<<'\t';
}
void main()
{   A a1(10,20);
    print(a1);
    show(&a1);
}
```

以上程序的输出结果是_____

11. 分析下列程序，写出程序运行结果。

```cpp
#include <iostream.h>
class A{
        int a , b;
protected :
        A(int x , int y)
        { a=x;  b=y; }
        friend A fun( );
        friend void main( );
};
A fun( )
{ A t(1,2);   return t;  }
void main( )
{
    A a1(fun( ));
    cout<<a1.a<<'\t'<<a1.b<<'\n';
}
```

以上程序的输出结果是_____

12. 分析下列程序，写出程序运行结果。

```cpp
#include <iostream.h>
class Point{
        float x,y;
public:
        Point(float a=0,float b=0)
        { x=a; y=b;  }
        friend Point operator++(Point &p) //前置自增重载函数
        { ++p.x;  ++p.y;    return p;  }
        friend Point operator++(Point &,int);        //后置自增重载函数原型说明
        void print()
        { cout<<"点("<<x<<','<<y<<")\n";  }
};
Point operator++(Point &p,int)        //后置自增重载函数定义
{  Point t=p;    ++p;   return t;    }
void main()
{   Point p1(1,2),p2;
```

```
        p1.print();
        (++p1).print();
        p2=p1++;
        p1.print();
        p2.print();
   }
```

以上程序的输出结果是_____

13. 分析下列程序，写出程序运行结果。

```
#include <iostream.h>
class A{
      int s[2];
public:
      A(int x=0,int y=0){ s[0]=x;s[1]=y;}
      A&operator=(A &t)
      {  s[0]=t.s[0];s[1]=t.s[1];return *this;}
      A operator++()
      {  ++s[0];++s[1];return *this;}
      A operator++(int)
      {  A t=*this;++(*this);return t;}
      void print()
      {  cout<<s[0]<<'\t'<<s[1]<<'\n';}
};
void main()
{   A a1,a2,a3(10,20);
    a1=a2=a3++;
    a1.print();a2.print();a3.print();
}
```

以上程序的输出结果是_____

14. 分析下列程序，写出程序运行结果。

```
#include<iostream.h>
class A{
  int x,y;
public:
  A(int a,int b)
  {  x=a;y=b;}
  void operator+=(A&t)
```

```
    {   x+=t.x;y+=t.y; }
     void show()
    {   cout<<x<<','<<y<<'\n'; }
};
void main(void)
{   A a1(2,3), a2(4,5);
    a1+=a2;
    a1.show();
    a2.show();
}
```

以上程序的输出结果是_____

15. 以下程序定义了一个类 Tpoint 的友元函数 distance，该友元函数的功能是求出给定两点之间的距离。在空格处填上适当的语句，使其能正确运行。

```
#include<iostream.h>
#include<math.h>
class Tpoint{
     double a , b;
 public :
     Tpoint(double a , double b)
     {   _____①_____ =a;
        Tpoint::b=b;
        cout<<"点 : ("<<a<<" , "<<_____②_____<<")"<<endl;
     }
     friend double distance(Tpoint a , Tpoint b)
     {   return sqrt( _____③_____ ); }
};
void main(void)
{
    Tpoint p1(2 , 2) , p2(5 , 6);
    cout<<"上述两点间的距离是: "<<distance(p1 , p2)<<endl;
}
```

16. 以下程序的功能是：重载取负运算符 "−"，返回一个分数对象，其分子是原来分子的相反数。在空格处填上适当的语句，使其能正确运行。

```
#include<iostream.h>
class Fraction{
public:
```

```
        Fraction(double a,double b):num(a),den(b){}
            ①
        Fraction operator-()
        {   Fraction f;
            f.num=-num;
                ②   ;
                ③   ;
        }
        void print()
        {   cout<<num<<'/'<<den<<'\t';}
private:
    double num;
    double den;
};
void main()
{
    Fraction f1(5,8),f2(3,4);
    (-f1).print();
    (-f2).print();
}
```

17. 以下程序的功能是：重载运算符"^"，实现数组各对应元素相乘方。例如，a[3]={2,2,2}，b[3]={3,0,1}，则a^b={8,1,2}。在空格处填上适当的语句，使其能正确运行。

```
#include <iostream.h>
class Array{
    int ar[3];
public:
        ①   ;
    Array(int *aa){ for(int i=0;i<3;i++)ar[i]=aa[i];}
    void show()
    { for(int i=0;i<3;i++)cout<<ar[i]<<'\t'; cout<<'\n';}
    Array operator ^(Array);
};
        ②
{ int t;
    for(int i=0; i<3; i++){
        t=ar[i];
        if(arr.ar[i]==0)
```

```
            ar[i]=1;
        else
            for(int j=1;____③____; j++) ar[i]*=t;
        }
    return____④____;
}
void main()
{
    int a[3]={2,2,2},b[3]={3,0,1};
    Array ar1(a),ar2(b),ar3;
    ar1.show();
    ar2.show();
    ar3=ar1^ar2;
    ar3.show();
}
```

18. 以下程序的功能是：重载赋值运算符"="，实现不同类型对象之间的相互赋值。在空格处填上适当的语句，使其能正确运行。

```
#include <iostream.h>
class A{
    int a;
public:
    A(int x=0) {a=x;}
    int geta(){return a;}
    void print(){ cout<<a<<endl; }
};
class B{
    int b;
public:
    B(int x=0) {b=x;}
    B & operator=(A&t)
    {  b=____①____;return ____②____;}
    void print()
    {  cout<<b<<endl;}
};
void main( )
{   A a1(123);
    cout<<"a1:"; a1.print();
```

```
    B b1(456);
    cout<<"b1:"; b1.print();
    b1=a1;
    cout<<"b1:"; b1.print();
    cout<<"a1:"; a1.print();
}
```

19. 以下程序的功能是：定义一个字符串类 String，重载运算符 "!=" 实现字符串逆序。在空格处填上适当的语句，使其能正确运行。

```
#include<iostream.h>
#include<string.h>
class String{
    char *str;
public:
    String(char *s)
    {  str=new char[____①____];
       strcpy(str,s);
    }
    void operator !=(char *s)
    {  char *ptr=str;
       while(*ptr++);
       ____②____ ;
       while(ptr>=str)
           *s++=*ptr--;
       *s='\0';
    }
    void print()
    {    cout<<str<<endl;}
    ~String()
    {    ____③____ ;}
};
void main()
{  char s[200];
    String st("abcdefg");
    st.print();
    st!=s;
    cout<<s<<endl;
}
```

20. 以下程序的功能是：定义一个下标运算符的重载函数，对数组的下标作合法性检查，为了保证对对象的成员数组操作时下标不越界。在空格处填上适当的语句，使其能正确运行。

```cpp
#include <iostream.h>
#include <stdlib.h>
class Array{
    int data[3];
 public:
    Array(int t[ ])
    { for(int i=0; i<3; i++) data[i]=t[i];}
    int &operator[](____①____) //定义下标运算符重载函数
    {  if (index<0||index>2){
            cout<<"下标超界 !\n";
            exit(1);
        } else
        return ____②____;
    }
};
void main( )
{   int temp[5]={1,2,3,4,5};
    Array a(temp);
    for(int i=0; i<5; i++)
        cout<<____③____<<'\t';
    cout<<'\n';
}
```

## 三、编程题

1. 定义一个圆锥体类，分别用成员函数和友元函数求出圆锥体的体积。

2. 定义一个矩阵类 Array，通过成员函数重载赋值运算符"="和加法运算符"+"，友元函数重载减法运算符"–"，实现矩阵的相加减，具体要求如下。

(1)私有数据成员如下：

`int a[3][4];`//数据成员，存放数组

(2)公有成员函数如下：

`Array(int t[][4],int n);`//构造函数，初始化数据成员

`Array &operator=(Array &t );`//重载函数，完成数组的赋值

`Array operator+(Array t );`//重载函数，实现两个矩阵相加

`friend Array operator-(Array t1, Array t2);`//重载函数，实现两个矩阵相减

```
void print(): //输出数据成员
```

(3)对所定义的类进行测试。

3. 定义一个关于函数 $f(x,y)=ax^2+by+c$ 的类 Fun，重载函数调用运算符"（）"求函数的值，具体要求如下。

(1)私有数据成员如下：

```
float a,b,c;            //分别表示数学函数的系数
```

(2)公有成员函数如下：

```
Fun(float i=0, float j=0, float k=0);//构造函数，以形参初始化数据成员
float operator ()(float x, float y);//重载函数，求调用函数的结果(数学函数的值)
void print();//输出数学函数表达式
```

(3)对所定义的类进行测试。测试时，以 2、4、6 作为 a、b、c 的值，求 f(2,3)的值。要求在输出 f(2,3)的值之前，输出数学函数的通用表达式 $f(x,y)=2x×x+4y+6$，其中系数能随对象变化。

4. 定义了一个集合类 Set，Set 类中重载"&&"运算符，用于求两个集合的交集。

(1)私有数据成员如下：

```
int *p,len; //动态数组，用于存储集合中的元素
```

(2)公有成员函数如下：

```
Set(int *t,int n);//构造函数，以形参初始化数据成员
friend int* operator &&(Set &s1, Set &s2);//重载函数，求两个集合的交集
void print();//输出集合
~Set();//析构函数
```

(3)对所定义的类进行测试。在主函数中定义 2 个对象 a 和 b,a 含有集合{1,2,3,4,5,6},b 含有集合{1,3,5,7,9,11,13,15}。程序正确的运行结果如下：

集合 a     1,2,3,4,5,6
集合 b     1,3,5,7,9,11,13,15
交集 c     1,3,5

5. 定义一个字符串类 Str，Str 类中重载"-"运算符，用来删除字符串中的指定字符。

(1)私有数据成员如下：

```
char *s;//动态数组，用于存储字符串
```

(2)公有成员函数如下：

```
Str(char *p=0);//构造函数，以形参初始化数据成员
Str& operator=(Str &str);//重载赋值运算符函数，完成两个对象之间的赋值
friend Str& operator-(Str &str,char*p);//重载"-"运算符，用来删除字符串中的指定字
void print();//输出字符串
```

```
~Str();//析构函数
```

(3)对所定义的类进行测试。在主函数中定义该类的对象 str1 和 str2，以及字符串 s="Ok."，对象 str1 中含有字符串"Give me some coffee,Jackson."，删除该字符处中所有在 s 中出现的英文字母(不分大小写)，并把它赋给对象 str2。程序正确的运行结果是：

原字符串　　　　　Give me some coffee , Jackson.
要删除的字符　　　Ok.
删除后的字符串　　Give me sme cffee , Jacsn.

# 9.4　实验内容与指导

## 【实验目的】

1. 掌握友元函数的定义方法，理解友元函数的特性。
2. 掌握用成员函数重载运算符的方法。
3. 掌握用友元函数重载运算符的方法。

## 【实验内容】

1. 定义一个复数类 Complex，用成员函数重载"+"运算符，用友元函数重载和"−"运算符，完成两个复数的加法和减法运算。

(1)私有数据成员如下：

```
float real,image;//数据成员，存放复数的实部和虚部
```

(2)公有成员函数如下：

```
Complex (float r=0,float i=0);//构造函数，以形参初始化数据成员
Complex operator+(Complex);//重载函数，完成复数的加法运算
friend Complex operator-(Complex, Complex);//重载函数，完成复数的减法运算
void print();//输出数据成员
```

(3)对所定义的类进行测试。

2. 定义一个字符串类 STR，实现字符串中字符的循环移动。通过成员函数重载位运算符"<<"，使字符串左移 n 位，如"ab def ijkl"左移 4 位后变成"ef ijklab d"；通过友元函数重载位运算符">>"，使字符串右移 n 位，具体要求如下。

(1)私有数据成员如下：

```
char *s;//数据成员，存放字符串
```

(2)公有成员函数如下：

```
STR(char *p);//构造函数，以形参初始化数据成员
void operator<<(int n);//重载函数，使字符串左移 n 位
friend void operator>>(STR &str, int n);//重载函数，使字符串右移 n 位
void print();//输出数据成员
```

```
~STR();//析构函数，释放动态内存
```

(3)对所定义的类进行测试。在主函数中输入一个带空格的字符串作为测试数据，先使它左移 2 位，再使它右移 4 位。

**【实验指导】**

1. 两个复数的加法运算，是实部和虚部分别相加，因此给定复数类的数据成员有两个：real 和 image 分别保存复数的实部和虚部。"＋"运算符是个二元运算符，用成员函数重载时，函数有一个形参，是复数类的对象，另一个对象是当系统自动调用重载函数时，调用成员函数的。在函数体内，用调用成员函数对象的实部和虚部分别和形参对象的实虚部相加，完成复数的加法运算，最后，函数返回保存运算结果的对象值。用友元函数重载二元运算符，函数的形参个数比用成员函数重载多一个，因为友元函数的调用形式与普通函数类同。

2. 左移和右移运算符都是二元运算符，因此可以将移动的位数作为重载函数的形参。私有数据成员是指针变量，它占 4B 的内存，因此要用 new 运算符动态申请空间，来保存要移位的字符串。朝左移位时，首先将当前位置的字符保存下来，然后将其后的字符依次朝左移动，覆盖掉前一个字符，最后将保存下来的字符赋值给本次移位的最后一个字符。

# 第10章 模板与异常处理

## 10.1 知识点概要

### 10.1.1 模板的概念

模板是实现代码复用的一种方法，它可以实现类型参数化，将类型定义为参数，实现真正意义上的代码重用。

模板分为函数模板和类模板。函数模板是用一个代码段指定一组函数，而类模板是用一个代码段指定一组相关类。

### 10.1.2 函数模板的定义和使用

(1)函数模板的定义格式如下：

```
template <typename(或 class) 数据类型参数标识符>
<函数返回类型><函数名称>(函数参数表)
{     函数体     }
```

(2)在使用函数模板时，一定要将形参"数据类型参数标识符"进行实例化，来确定使用的数据类型，否则将会出错。将类型形参实例化的参数称为模板实参，用模板实参实例化的函数称为模板函数，模板函数可视为普通函数，其使用方法和普通函数一样。

(3)模板函数的重载。用非模板函数重载函数模板有两种方法：借用函数模板的函数体，只声明非模板函数的原型，它的函数体借用函数模板的函数体；重新定义函数体，即重新定义一个完整的非模板函数。

(4)函数模板与同名的非模板函数重载时，调用原则如下。

首先查找一个参数完全匹配的函数并进行调用，若没有找到，则查找一个函数模板，并将其实例化后生成一个匹配的模板函数进行调用。若还是没有找到，则通过函数参数类型转换使函数参数匹配并调用它，如果参数不能兼容匹配，则调用失败。

### 10.1.3 类模板的定义和模板类的使用

类模板的定义格式如下：

```
template<class 数据类型参数标识符>
class 类名{
     …
};
```

如果类中的成员函数要在类的声明之外定义，则它必须是模板函数。其定义形式如下：

```
template<class 数据类型参数标识符>
函数返回类型 类名<数据类型参数标识符>::函数名(数据类型参数标识符 形参1,…,数据类型
参数标识符 形参n)
{
    函数体
}
```

类模板使类中的一些数据成员和成员函数的参数或返回值可以为任意数据类型。类模板不是一个具体的类，它代表一族类，是这一族类的统一模式。使用类模板就是要将它实例化为具体的类。

将类模板的模板参数实例化后生成的具体类，就是模板类。由类模板生成模板类的一般语法格式如下：

类名<模板实参表> 对象名1,对象名2,…,对象名n;

### 10.1.4 异常处理的实现

程序错误通常包括语法错误、逻辑错误和运行异常三类。

异常处理的基本思想包括抛出异常、捕获异常和处理异常。使用 throw 抛出异常，使用 try…catch 捕获和处理异常。

throw 语句的语法格式如下：

```
throw [<表达式>];
```

执行完 throw 语句后，系统将不执行 throw 后面的语句，而是直接跳到异常处理语句部分进行异常处理。

Try…catch 语句的语法格式如下：

```
try {
    … //可能抛出异常的语句序列
    }
catch(<异常类型名1> [<异常对象名>]) {
    … //异常处理代码
}
catch(<异常类型名2> [<异常对象名>]) {
    … //异常处理代码
}
…
catch(异常类型名n> [<异常对象名>]) {
    … //异常处理代码
}
```

当某语句在执行过程中抛出异常时,首先在包含它的最内层的 try 语句块对应的 catch 块列表中查找与之匹配的处理块,如果内层的 catch 块列表类型都不能匹配,即不能捕获到相应的异常,则逐步向外层进行查找。

## 10.2 典型例题解析

【例 10.1】设有如下函数模板定义:

```
template <class T>
T func(T x, T y) { return x*x*x+y*y*y; }
```

下列对 func 的调用中错误的是_____。

A. func(3, 5)                       B. func(3.0, 5.5);

C. func(3, 5.5);                    D. func<int>(3, 5.5);

【答案】C

【解析】本题主要考查函数模板的使用方法。选项 A 是将函数模板中的类型形参实例化为 int 型。选项 B 是将函数模板中的类型形参实例化为 double 型。选项 C 中函数 func 的两个实参一个为 int 型,一个为 double 型,无法使用该函数模板。选项 D 中模板实参被显式指定,显式指定模板实参的方法是用尖括号将用逗号隔开的实参类型列表括起来,紧跟在函数模板实例的名字后面,如选项 D 将实参类型指定为 int 型。

【例 10.2】假设有如下程序:

```
template <class T>
class Array{
  protected:
          int num;
          T *p;
  public:
    Array(int);
    ~Array( );
};
Array::Array(int x)               //①
{
    num=x;                        //②
    p=new T[num];
}                                 //③
Array::~Array( )                  //④
{
        delete []p;               //⑤
```

```
    }
void main( )
{
        Array a(10);                    //⑥
}
```

其中存在错误的语句为_____，应改正为_____。

【答案】错误语句为①、④、⑥，应改正为

```
        ① template<class T>
        Array<T>::Array(int x)
        ④ template<class T>
        Array<T>::~Array()
        ⑥ Array<int> a(10);
```

【解析】本题主要考查类模板的定义和使用。如果类中的成员函数要在类的声明之外定义，则它必须是模板函数。其定义形式如下：

template<class 数据类型参数标识符>

函数返回类型 类名<数据类型参数标识符>::函数名(数据类型参数标识符 形参 1，…，数据类型参数标识符 形参 n)

```
    {
        函数体

    }
```

本程序中类的构造函数和析构函数均在类中声明，在类外定义。所以语句①、④关于这些函数的定义均错误，定义应遵循上述的形式。由类模板生成模板类的一般语法格式如下：

类名<模板实参表> 对象名 1，对象名 2，…，对象名 n;

语句⑥对类模板的使用错误。

【例 10.3】设有如下程序，则其运行结果为_____。

```
#include <iostream.h>
#include<string.h>
template<class T,class U>
T add(T a, U b)
{
    return(a + b);
}
char* add(char *a, char *b )
{
```

```
        return strcat(a,b);
    }
    void main()
     {
        int x=1,y=2;
        double x1=1.1,y1=2.2;
        char p[14]="C++";
        cout<<add(x,y)<<",";
        cout<<add(x1,y1)<<",";
        cout<<add(x1,y)<<",";
        cout<<add(p," program")<<endl;
     }
```

【答案】3，3.3，3.1，C++ program

【解析】本题主要考查的知识点有：(1)函数模板的定义与使用；(2)重载模板函数的应用。在 VC++ 中，函数模板与同名的非模板函数重载时，应遵循相应的调用原则。

本题中主函数对函数 add 的 4 次调用中前 3 次都是未找到参数完全匹配的函数，于是找到一个函数模板，将该函数模板实例化为模板函数。第四次调用时找到了参数完全匹配的函数，于是调用了该函数。

【例 10.4】下列关于类模板的模板参数的说法正确的是_____。

A. 只可作为数据成员的类型　　B. 只可作为成员函数的参数类型

C. 只可作为成员函数的返回值类型　D. 以上三者都可以

【答案】D

【解析】类模板中的模板参数既可以作为类成员的类型，也可作为成员函数的参数类型，还可作为成员函数的返回值类型。

【例 10.5】下列说法正确的是_____。

A. 如果从一个带单个 static 数据成员的类模板产生几个模板类，则每个模板类共享类模板 static 数据成员的一个副本

B. 模板函数可以用同名的另一个模板函数重载

C. 同一个形参名只能用于一个模板函数

D. 关键字 class 用于指定函数模板类型参数，实际上表示"任何用户自定义类型"

【答案】B

【解析】在非模板类中，类的所有对象共享一个 static 数据成员。从类模板实例化的每个模板类都有自己的类模板 static 数据成员，该模板类的所有对象共享一个 static 数据成员。每个模板类有自己的类模板的 static 数据成员副本，每个模板类有自己的静态数据成员副本，所以选项 A 错误。同一形式参数名可以用于多个模板函数，故选项 C 错误。关键字 class 指定函数模板的类型参数，实际上表示"任何内部类型或用户自定义类型"，所以选项 D 错误。

【例 10.6】以下是 3 个数字求和的类模板程序，请将程序补充完整。

```
#include<iostream.h>
template <class T,_____①_____>
class sum{
        T array[size];
    public:
        sum(T a,T b,T c){ array[0]=a; array[1]=b; array[2]=c; }
        T s( ){return _____②_____;}
};
void main()
{
        _____③_____ s1(1,2,3);          //定义类对象
        cout<<s1.s( )<<endl;
}
```

【答案】① int size；
② array[0]+array[1]+array[2]；
③ sum <int,3>；

【解析】本题主要考查的知识点是类模板的应用。

# 10.3  习    题

## 一、选择题

1. 以下关于函数模板的描述错误的是_____。

A. 函数模板必须由程序员实例化为可执行的函数模板

B. 函数模板的实例化由编译器实现

C. 在一个类定义中，只要有一个函数模板，则这个类是类模板

D. 类模板的成员函数都是函数模板，类模板实例化后，成员函数也随之实例化

2. 下列模板说明中，正确的是_____。

A. template<typename T1 ,T2>

B. template<class T1, T2>

C. template<class T1, class T2>

D. template<typename T1, typename T2>

3. 函数模板定义如下：

```
template <typename T>
Max( T a, T b ,T &c){c=a+b;}
```

则下列选项正确的是_____。

A. int x, y; char z;
　　Max（x, y, z）;

B. double x, y, z;
　　Max（x, y, z）;

C. int x, y; float z;
　　Max（x, y, z）;

D. float x; double y, z;
　　Max（x,y, z）;

4. 下列有关模板的描述错误的是_____。

A. 模板将数据类型作为一个设计参数，称为参数化程序设计

B. 使用模板时，模板参数与函数参数相同，是按位置而不是名称对应的

C. 模板参数表中可以有类型参数和非类型参数

D. 类模板与模板类是同一个概念

5. 类模板的使用实际上是将类模板实例化成一个_____。

A. 函数　　　　　B. 对象　　　　　C. 类　　　　　D. 抽象类

6. 类模板的模板参数_____。

A. 只能作为数据成员的类型　　　B. 只能作为成员函数的返回类型

C. 只能作为成员函数的参数类型　　D. 以上 3 种均可

7. 类模板的实例化_____。

A. 在编译时进行　　　　　　　　B. 属于动态联编

C. 在运行时进行　　　　　　　　D. 在连接时进行

8. 以下类模板定义正确的是_____。

A. template<class T,int i=0>　　　B. template<class T,class int i>

C. template<class T,typename T>　　D. template<class T1,T2>

**二、填空题**

1. VC++最重要的特性之一就是代码重用，为了实现代码重用，代码必须具有___①___。通用代码需要不受数据___②___的影响，并且可以自动适应数据类型的变化，这种程序设计类型称为___③___程序设计。模板是 VC++支持参数化程序设计的工具，通过它可以实现参数化___④___性。

2. 函数模板的定义形式是"template <模板参数表> 返回类型 函数名（形式参数表）{…}"。代表一种类型，由关键字___①___或___②___后加一个标识符构成，标识符代表一个潜在的内置或用户自定义的类型参数，类型参数可以是任意合法标识符。VC++规定参数名必须在函数定义中至少出现一次。

3. 编译器通过以下匹配规则确定所调用的函数：首先寻找最符合___①___和___②___的一般函数并调用；若找不到则继续寻找一个___③___，将其实例化成一个___④___，看是否匹配，如果匹配就调用该___⑤___；如果仍未成功调用函数，则通过___⑥___规则进行参数的匹配。如果仍未找到匹配的函数，则调用失败。如果有多于一个函数匹配，则调用将产生___⑦___，也将产生错误。

4. C++语言中使用异常处理的基本思想包括___①___、___②___和___③___。

5. C++语言中使用___①___语句抛出异常，使用___②___语句捕获和处理异常。

6. 异常处理语句 try…catch 中，"…"代表的含义是_____。

7. 以下程序的执行结果是_____。

```
#include<iostream.h>
template <class T>
T abs(T x)
{
    return (x>0?x:-x);
}
void main( )
{
    cout<<abs(-3)<<","<<abs(-2.6)<<endl;
}
```

8. 以下程序的执行结果是_____。

```
#include<iostream.h>
template<class T>
class Sample {
      T n;
public:
  Sample(){}
  Sample(T i){n=i;}
  Sample<T>&operator+(consta Sample<T>&);
  void disp( ){ cout<<"n="<<n<<endl;  }
};
template<class T>
Sample<T>&Sample<T>::operator+(const Sample<T>&s)
{
  static Sample<T> temp;
  temp.n=n+s.n;
  return temp;
}
void main( )
{
  Sample<int>s1(10),s2(20),s3;
  s3=s1+s2;
  s3.disp( );
}
```

9. 以下程序的执行结果是_____。

```
#include <iostream.h>
class ExceptionClass{
    char* name;
public:
    ExceptionClass(const char* name="default name")
    {
        cout<<"Construct "<<name<<endl;
        this->name=name;
    }
    ~ExceptionClass( )
    {
        cout<<"Destruct "<<name<<endl;
    }
    void mythrow( )
    {
        throw ExceptionClass("my throw");
    }
};
void main( )
{
        ExceptionClass e("Test");
        try {
            e.mythrow( );
        }
        catch(…) {
          cout<<"*********"<<endl;
        }
}
```

## 三、编程题

1. 设计一个函数模板，其中包括数据成员 T a[n]以及对其进行排序的成员函数 sort( )，模板参数 T 可实例化成字符串。

2. 设计一个类模板，其中包括数据成员 T a[n]以及在其中进行查找数据元素的函数 int search(T)，模板参数 T 可实例化成字符串。

3. 设计一个单向链表类模板，节点数据域中的数据从小到大排列，并设计插入、删除节点的成员函数。

4. 为单链表类模板增加一个复制构造函数和赋值运算符(=)。即在第 3 题的基础上，为 List 类增加一个复制构造函数和赋值运算符(=)，试编程实现。

# 10.4　实验内容与指导

【实验目的】

1. 掌握函数模板的定义方法。

2. 掌握函数模板的实例化方法。

3. 掌握类模板的定义方法。

4. 掌握模板类的实例化方法和及其简单应用。

5. 掌握 throw 语句和 try…catch 语句的定义和使用方法。

6. 掌握 try…catch 语句嵌套的简单应用。

【实验内容】

1. 定义函数模板实现对一维数组求最大值和求所有元素的和，并在主函数中分别用整型数组和实型数组进行测试。

2. 定义一个求幂函数($x^y$)的函数模板，在主函数用数据 $2^3$ 和 $1.1^2$ 进行测试。

3. 定义类模板实现一维数组的排序，并在主函数中对该模板进行测试。

4. 定义一个复数类模板 Complex，其数据成员 real 和 image 的类型未知，定义相应的成员函数，包括构造函数、输出复数值的函数、求复数和的函数和求复数差的函数。在主函数中定义模板类对象，分别以 int 和 double 实例化类型参数。

5. 编写程序处理进行一维数组访问越界时的异常。

6. 编写程序处理整型数据超过所能表示的最大值时的异常。

【实验指导】

1. 利用函数模板的定义形式进行定义，注意与普通函数的定义区别。

2. 在主函数进行实例化，形成模板函数，再进行函数调用，完成相应的测试。

3. 使用类模板对数组进行相应的处理，应先实例化，然后在主函数中定义该类的模板类进行对象生成，来测试定义的类。

4. 对复数类模板 Complex 先定义，然后进行实例化，在主函数生成对象，完成该类的测试。

5. 当对数组进行访问时，超过其下标范围时，称为越界，对此异常用 try…catch 语句来捕获，并使用 throw 语句来抛出异常，从而实现异常处理。

6. 假设整型变量的数据范围为 0～65535，当数据超过这个范围时出现异常，用 try…catch 语句来捕获这个异常，并使用 throw 语句来抛出异常。

# 第11章 输入/输出流

## 11.1 知识点概要

### 11.1.1 输入/输出流简介

1. 基本的流类体系

C++中将数据之间的传输操作称为流。流既可以表示数据从某个载体或设备传输到内存缓冲区变量中,即输入流;也可以表示数据从内存传送到某个载体或设备,即输出流。

使用流以后,程序用流统一对各种计算机设备和文件进行操作,使程序与设备、程序与文件无关,提高了程序设计的通用性和灵活性。也就是说,无论与流相联系的实际物理设备差别有多大,流都采用相同的方式运行,这种机制使得流可以跨越物理设备平台,实现透明运作。例如,往显示器上输出字符和向磁盘文件或打印机输出字符,尽管接收输出的物理设备不同,但其具体操作过程是相同的。

程序运行过程中的数据流动是通过执行输入/输出(I/O)操作的类体系来完成的,这个用于完成 I/O 操作的类体系称为流类,提供这个流类实现的系统称为流类库。C++中的 I/O 流类库中定义了 4 个预定义流:cin、cout、cerr 和 clog。

2. 流的格式控制

C++中的 I/O 流类库可用两种方法控制数据的格式:使用 I/O 操纵符和使用 ios 类的成员函数。

(1)使用 I/O 控制符。不带形参的控制符定义在头文件 iostream.h 中,带形参的控制符则定义在头文件 iomanip.h 中,因而使用相应的控制符必须包含相应的头文件。C++中的常用控制符见表 11-1。

表 11-1　常用 I/O 流控制符

| 控制符 | 功能 | 适用于 |
|---|---|---|
| dec | 设置整数的基数为 10 | I/O |
| hex | 设置整数的基数为 16 | I/O |
| oct | 设置整数的基数为 8 | I/O |
| setbase(n) | 设置整数的基数为 n(n=8, 10, 16) | O |
| setfill(c) | 设置填充字符 | O |
| setw(n) | 设置字段宽度为 n 位 | O |
| setprecision(n) | 设置实数的精度为 n 位 | O |
| setiosflags(flag) | 设置 flag 中指定的标识位 | I/O |
| resetiosflags(flag) | 清除 flag 中指定的标识位 | I/O |
| endl | 输出一个换行符并刷新流 | O |
| flush | 强制刷新流 | O |
| ws | 设置跳过输入中的前导空白字符 | I |

（2）使用 ios 成员函数。

除了可以用控制符来控制输出格式外，还可以通过调用对象 cout 中用于控制输出格式的成员函数来控制输出格式。用于控制输出格式的常用成员函数见表 11-2。

表 11-2 用于控制输出格式的流成员函数

| 流成员函数 | 与之作用相同的控制符 | 作用 |
| --- | --- | --- |
| precision(n) | setprecision(n) | 设置实数的精度为 n 位 |
| width(n) | setw(n) | 设置字段宽度为 n 位 |
| fill(c) | setfill(c) | 设置填充字符 |
| setf() | setiosflags() | 设置输出格式状态，括号中应给出格式状态，内容与控制符 setiosflags 括号中的内容相同，见表 11-3 |
| unsetf() | resetioflags() | 终止已设置的输出格式状态，在括号中应指定内容 |

流成员函数 setf 和控制符 setiosflags 括号中的参数表示格式状态，它是通过格式标识来设定的。格式标识在 ios 类中被定义为枚举值，在使用这些格式标识时要在前面加上类名 ios 和作用域运算符 "::"。常用的格式标识见表 11-3。

表 11-3 设置格式状态的格式标识

| 格式标识 | 功　能 |
| --- | --- |
| ios::left | 输出数据在本域宽范围内左对齐 |
| ios::right | 输出数据在本域宽范围内右对齐 |
| ios::internal | 数值的符号位在域宽内左对齐，数值右对齐，中间由填充字符填充 |
| ios::dec | 设置整数的基数为 10 |
| ios::oct | 设置整数的基数为 8 |
| ios::hex | 设置整数的基数为 16 |
| ios::showbase | 强制输出整数的基数(八进制以 0 开头，十六进制以 0x 开头) |
| ios::showpoint | 强制输出浮点数的小数点和尾数 0 |
| ios::uppercase | 以科学计数法格式 E 和以十六进制输出字母时以大写表示 |
| ios::scientific | 输出正数时显示 "+" 号 |
| ios::fixed | 浮点数以定点格式(小数形式)输出 |
| ios::unitbuf | 每次输出之后刷新所有的流 |
| ios::stdio | 每次输出后清除 stdout,stderr |

### 11.1.2 文件的打开与关闭

1. 文件的打开

打开文件的操作包括建立文件流对象、与外部文件关联、指定文件打开方式。打开文件有以下两种方法。

（1）先建立流对象，然后调用成员函数 open 连接外部文件，其语法格式如下：

流类 对象名；

对象名.open(文件名，方式)；

例如，以读方式打开一个已有文件 file.dat,代码如下：

```
istream infile;                    //建立输入文件流对象 infile
infile.open("file.dat", ios::in);   //连接文件，指定打开方式为"读方式"
```

以写方式打开一个文件 newfile.dat，代码如下：

```
ofstream outfile;                          //建立输出文件流对象
outfile.open("newfile.dat", ios::out); //连接文件，指定打开方式为"写方式"
```

（2）调用带参数的构造函数，建立对象的同时连接外部文件，其语法格式如下：

流类　对象名(文件名，方式)；

例如，调用 fstream 带参数构造函数，在建立流对象的同时，用参数形式连接外部文件和指定打开方式，代码如下：

```
ifstream infile("file.dat", ios::in);          //连接文件,以读方式打开文件
ofstream outfile("newfile.dat", ios::out);     //连接文件,以写方式打开文件
fstream rwfile("myfile.dat", ios::in|ios::out); //连接文件,以读/写方式打开
```
文件

上述两种文件打开方式中，第一个参数为被打开文件的文件名或文件全路径名；第二个参数为文件打开方式，表 11-4 列出了 ios 类中定义的文件打开方式。

表 11-4　文件的打开方式

| 方式 | 作用 |
| --- | --- |
| ios::in | 以输入(读)方式打开文件 |
| ios::out | 以输出(写)方式打开文件(这是默认方式)，如果文件已存在，则将其原有内容全部清除 |
| ios::app | 以输出方式打开文件，写入的数据添加到文件末尾 |
| ios::ate | 打开一个已有的文件，文件指针指向文件末尾 |
| ios::trunc | 打开一个文件，如果文件已存在，则删除其中全部数据，如果文件不存在，则建立新文件。如已指定了 ios::out 方式，而未指定 ios::app、ios::ate、ios::in，则同时默认此方式 |
| ios::binary | 以二进制方式打开文件，如不指定此方式则默认为 ASCII 码方式 |
| ios::nocreate | 打开一个已有的文件，如果文件不存在，则打开失败。nocreate 的意思是不建立新文件 |
| ios::noreplace | 如果文件不存在则建立新文件，如果文件已存在则操作失败，noreplace 的意思是不更新原有文件 |
| ios::in\| ios::out | 以输入/输出方式打开文件，文件可读/可写 |
| ios::out\| ios::binary | 以二进制写方式打开文件 |
| ios::in\| ios::binary | 以二进制读方式打开文件 |

2. 文件的关闭

当一个文件操作完毕后应及时关闭，关闭文件使用成员函数 close。例如：

```
ifstream infile;
infile.open("file.txt", ios::in);
infile.close();                        //关闭文件
```

### 11.1.3　文件的读写操作

在打开文件后就可以对文件进行读写操作了。从一个文件中读出数据，可以使用 iostream 类的成员函数 get、getline、read 以及提取运算符“>>”；向一个文件写入数据，可以使用成员函数 put、write 以及插入运算符“<<”。

1. 文本文件

文本文件是顺序存取的文件，具有分行结构，其数据由若干行字符构成，而每一行又由若干字符组成，且以行结束符作为最后一个字符。显然，这样的一行字符被视为一个字符串。文本文件的主要操作有建立文件、浏览文件、编辑文件和复制文件等。用户可以用各种现成的字处理工具或在操作系统下完成，但如果把文本文件看成有结构的数据文件，进行条件检索、统计等，就必须借助应用程序。程序要十分清楚文件的组织结构，并且不能让用户随意打开、修改文本文件，否则将引起错误。

2. 二进制文件

二进制文件是按二进制编码方式来存放文件的，系统在处理这些文件时，并不区分类型，而都看成是字符流，按字节进行处理，又称为流式文件，如用系统文本编辑器直接打开它，通常是看不明白所显示内容的。

对二进制文件的操作也需要先打开文件，再进行读/写操作，操作完毕后要关闭文件。在打开时要用 ios::binary 指定以二进制形式传送和存储。对二进制文件的读/写操作，不能通过标准输入/输出流的提取运算符“>>”和插入运算符“<<”来实现文件的输入/输出，而只能通过二进制文件的读/写成员函数 read 与 write 来实现。例如：

```
istream &istream::read(char *, int );
```
其中，第一个参数是字符指针，指向内存中的一块存储空间；第二个参数指定读入内存的字节数。

```
ostream &ostream::write(char *, int );
```
其中，第一个参数是字符指针，指向内存中的一块存储空间；第二个参数指定写入文件的字节数。

3. 随机访问文件的函数

C++允许从文件的任何位置开始读/写数据，这种方式的文件读/写称为文件的随机访问。文件流类的基类中定义了几个支持文件随机访问的成员函数，例如：

```
istream & istream::seekg(streampos);   //将输入文件中的指针移动到指定的位置
istream & istream::seekg(streamoff(位移量), ios::seek_dir(参照位置));
```

```
                                          //以参照位置为基础移动若干字节
streampos & istream::tellg();             //返回输入文件指针的当前位置
ostream & ostream::seekp(streampos);      //将输出文件中的指针移动到指定的位置
ostream & ostream::seekp(streamoff(位移量), ios::seek_dir(参照位置));
                                          //以参照位置为基础移动若干字节
streampos ostream::tellp();               //返回输出文件指针的当前位置
```

其中,ios::beg 的参照位置为文件开头(默认),ios::cur 的参照位置为指针当前位置,ios::end 的参照位置为文件末尾。

# 11.2　典型例题解析

【例 11.1】如果利用 C++流进行输入/输出,下面的叙述正确的是_____。

A. 只能借助于流对象进行输入/输出

B. 只能进行格式化输入/输出

C. 只能借助于 cin 和 cout 进行输入/输出

D. 只能使用运算符 ">>" 和 "<<" 进行输入/输出

【答案】A

【解析】本题考察的是 C++流的概念。在 C++中,将数据从一个对象到另一个对象的流动抽象为"流",数据的输入/输出就是通过输入/输出流来实现的。C++流可以借助 cin、cout、cerr 和 clog 进行输入/输出;使用运算符 ">>" 和 "<<" 以及成员函数 get、getline、put、read、write 也可以进行输入/输出。

【例 11.2】下列控制格式输入/输出的操作符中,能够设置浮点数精度的是

_____。

A. setprecision　　　B. setw　　　　　C. setfill　　　　　D. showpoint

【答案】A

【解析】本题主要考察输出流的格式控制。"setprecision(int n);"用于控制输出流显示浮点数的精度,整数 n 代表显示的浮点数字的个数;"set(int n);"用于设置输入/输出的宽度;"setfill(char c);"用于设置填充字符;showpoint 用于显示浮点数的小数点和尾部的 0。

【例 11.3】打开文件时可单独或组合使用下列文件打开模式:

①ios_base::app　　②ios_base::binary　③ios_base::in　　④ios_base::out

若要以二进制读方式打开一个文件,需使用的文件打开模式为_____。

A. ①③　　　　　B. ①④　　　　　C. ②③　　　　　D. ②④

【答案】C

【解析】打开一个与输出流关联的文件时,通常要指定文件模式。ios_base::app 模式的功能是,以写方式打开文件,若文件不存在则创建文件,若文件已存在则向文件尾添加数据。ios_base::binary 模式的功能是以二进制模式打开文件。ios_base::in 模式的功能

是以读方式打开文件。ios_base::out 模式的功能是以写方式打开文件，若文件不存在则创建，若文件已存在则清空原内容。因此，若要以二进制读方式打开一个文件，需使用的文件打开模式为 ios_base::binary|ios_base::in。

【例 11.4】语句"ofstream outf("salary.dat", ios_base::app);"，的功能是建立流对象 outf，并试图打开文件 salrary.dat 与 outf 关联，而且_____。

A. 若文件存在，将其置为空文件；若文件不存在，打开失败

B. 若文件存在，将文件指针定位于文件尾；若文件不存在，建立一个新文件

C. 若文件存在，将文件指针定位于文件首；若文件不存在，打开失败

D. 若文件存在，打开失败；若文件不存在，建立一个新文件

【答案】B

【解析】本题考查的是文件流的输出。"ofstream outf("salary.dat", ios_base::app);" 以 ios_base::app 方式打开文件，若文件存在，将文件指针定位于文件尾；若文件不存在，建立一个新文件。

【例 11.5】下列关于 read 函数的描述正确的是_____。

A. 该函数只能用来从键盘输入中获取字符串

B. 该函数所获取的字符多少是不受限制的

C. 该函数只能用于文本文件的操作中

D. 该函数只能按规定读取所指定的字符数

【答案】B

【解析】read 函数不仅可以从键盘输入中读取字符，也可以从任意输入流中获取信息，而且 read 函数不仅可以用于文本文件，也可以用于二进制文件。read 函数的使用格式是 "read(char *buf, int size);"，其中，buf 用来存放读取到的字符指针或字符数组，size 用来指定从输入流中读取字符的个数。

【例 11.6】下面的程序用于统计文件 data.txt 中的字符个数，请将程序补充完整。

```cpp
#include<iostream.h>
#incldue<fstream.h>
#include<stdlib.h>
void main( )
{
    fstream file;
    file.open("data.txt", ios::in);
    if (_____①_____) {
        cout<<"data.txt 文件打开失败！"<<endl;
        exit(1);
    }
    char ch;
    int i=0;
```

```
       while(!file.eof( )) {
                 ②      ;
                 ③      ;
       }
       cout<<"字符个数为: "<<i<<endl;
             ④      ;
}
```

【答案】①!file　②file.get(ch)　③i++　④file.close()

【解析】该程序首先建立一个输入/输出文件流的对象 file，并通过该对象调用 open 成员函数打开文件 data.txt，程序中的 if 语句对文件打开的成功与否进行验证，即条件!file 是否成立，而 while 语句是具体对文件中的字符进行逐个统计。在程序最后，还要调用 close 成员函数关闭该文件。

# 11.3　习　题

## 一、选择题

1. 有如下程序:

```
#include<iostream.h>
#incldue<iomanip.h>
int main( )
{
       cout<<setprecision(3)<<fixed<<setfill('*')<<setw(8);
       cout<<12.345<<_____<<34.567;
       return 0;
}
```

若程序的输出如下:

**12.345**34.567

则程序中下划线处遗漏的操作符是_____。

A. setpresision 　　B. fixed 　　　　　C. setfill('*') 　　D. setw(8)

2. 下列枚举符号中，用来表示"相对于当前位置"文件定位方式的是_____。

A. ios_base::cur 　　B. ios_base::beg 　　C. ios_base::out 　　D. ios_base::end

3. 下列关于 C++流的描述错误的是_____。

A. cout>>'A'; 可输出字符 A

B. eof 函数可以检测是否到达文件尾

C. 对磁盘文件进行流操作时，必须包含头文件 fstream.h

D. 以 ios_base::out 模式打开的文件不存在时，将自动建立一个新文件

4. 有如下程序：

```
#include<iostream.h>
#incldue<iomanip.h>
int main( )
{
    int s[]={123, 234};
    cout<<right<<setfill('*')<<setw(6);
    for(int i=0; i<2; i++)
        cout<<s[i]<<endl;
    return 0;
}
```

运行时的输出结果是_____。

A. 123

   234

B. ***123

   234

C. ***123

   ***234

D. ***123

   234***

5. 要建立文件流并打开当前目录下的文件 file.dat 用于输入,下列语句错误的_____。

A. ifstream fin=ifstream.open ("file.dat");

B. ifstream *fin=new ifstream ("file.dat");

C. ifstream fin;fin.open ("file.dat");

D. ifstream *fin=new ifstream ();fin->open ("file.dat");

6. 当使用 ifstream 流类定义一个流对象并打开一个磁盘文件时，文件的默认打开方式是_____。

A. ios_base::in        B. ios_base::in|ios_base::out

C. ios_base::out       D. ios_base::in&ios_base::out

7. 当使用 ofstream 流类定义一个流对象并打开一个磁盘文件时，文件的默认打开方式是_____。

A. ios_base::in        B. ios_base::in|ios_base::out

C. ios_base::out       D. ios_base::bianry

8. 要利用 C++流进行文件操作，必须在程序中包含的头文件是_____。

A. iostream     B. fstream     C. strstream     D. iomanip

9. 下列有关 C++流的叙述错误的是_____。

A. C++操作符 setw 设置的输出宽度永久有效

B．C++操作符 endl 可以实现输出的回车换行

C．处理文件 I/O 时，要包含头文件 fstream.h

D．进行输入操作时，eof 函数用于检测是否到达文件尾

10．已知一程序运行后执行的第一个输出操作是 "cout<<setw(10)<<setfill('*')<<1234;"，则此操作的输出结果是_____。

A．1234 　　　　　　　　　　　B．******1234

C．*********1234 　　　　　　　D．1234******

11．在语句 "cin>>data;" 中，cin 是_____。

A．C++的关键字　　B．类名　　　　　C．对象名　　　　　D．函数名

12．设有如下程序：

```
#include<iostream.h>
int main( )
{
    char str[100], *p;
    cout<<"Please input a string: ";
    cin>>str;
    p=str;
    for(int i=0; *p!= '\0'; p++, i++);
        cout<<i<<endl;
    return 0;
}
```

运行这个程序时，若输入字符串 abcdedg abcd，则输出结果是_____。

A．7　　　　　　B．12　　　　　　C．13　　　　　　D．100

13．下列表达式错误的是_____。

A．cout<<setw(5) 　　　　　　　B．cout<<fill('#')

C．cout.setf(ios::upprecase) 　　D．cout.fill('#')

14．下面关于 ios 类的叙述正确的是_____。

A．它只是 istream 类的虚基类

B．它只是 ostream 类的虚基类

C．它只是 iostream 类的虚基类

D．它是 istream 类和 ostream 类的虚基类

15．C++语言本身没有定义 I/O 操作，但 I/O 操作包含在 C++实现中，C++标准库 iostream 提供了基本的 I/O 类，I/O 操作分别由两个类 istream 和____①____提供，由它们派生出一个类____②____，提供双向 I/O 操作。

A．stream　　　　　B．iostream　　　　　C．ostream　　　　　D．cin

16．cin 是____①____的一个对象，处理标准输入；cout、cerr 和 clog 是____②____的对象，cout 处理标准输出，cerr 和 clog 都处理标准出错信息，只是____③____输出不带

缓冲，____④____输出带缓冲。

A. istream　　　　B. ostream　　　　C. cerr　　　　D. clog

17. 下列关于 getline 函数的描述错误的是_____。

A. 该函数可以用来从键盘上读取字符串

B. 该函数读取的字符串长度是受限制的

C. 该函数读取字符时，遇到终止符时便停止

D. 该函数中所使用的终止符只能是换行符

18. 在 ios 中提供格式控制的标识中，_____是转换为十六进制形式的标识位。

A. hex　　　　B. oct　　　　C. dec　　　　D. left

19. 在 C++中，打开一个文件，就是将这个文件与一个_____建立关联，关闭一个文件，就是取消这种关联。

A. 类　　　　B. 流　　　　C. 对象　　　　D. 结构

20. 文件的 I/O 由___①___、___②___和___③___三个类提供，___④___是 istream 的派生类，处理文件输入；___⑤___是 ostream 的派生类，处理文件输出；___⑥___是 iostream 的派生类，可以同时处理文件的输入和输出。

A. ifstream　　　　B. ofstream　　　　C. fstream　　　　D. fstream.h

21. 磁盘文件操作中，打开磁盘文件的访问方式常量中，_____是以追加方式打开文件的。

A. in　　　　B. out　　　　C. app　　　　D. ate

22. 若 C 盘不存在文件 b.dat，则以下程序的运行结果是_____。

```
#include <fstream.h>
void f( )
{
    ofstream myfile("b.dat");
    if(!myfile)cout<<"no";
    else myfile<<"my file";
}
void main( )
{f( );}
```

A. no　　　　B. my file　　　　C. 不确定　　　　D. 有语法错误

23. 下列选项中，用于清除基数格式位设置以十六进制输出的语句是_____。

A. cout<<setf(ios::dec, ios::basefield);

B. cout<<setf(ios::hex, ios::basefield);

C. cout<<setf(ios::oct, ios::basefield);

D. cin>>setf(ios::hex, ios::basefield);

24. 要求打开文件 D:\file.dat，可写入数据，以下语句正确的是_____。

A. ifstream infile("D:\file.dat", ios::in);

B. ifstream infile("D:\\file.dat", ios::in);

C. ofstream infile("D:\file.dat", ios::out);

D. fstream infile("D:\\file.dat", ios::in|ios::out);

25. 假定已定义浮点型变量 data，以二进制方式把 data 的值写入输出文件流对象 outfile 中，正确的语句是_____。

A. outfile.write((float*)&data, sizeof(float));

B. outfile.write((float*)&data, data);

C. outfile.write((char*)&data, sizeof(float));

D. outfile.write((char*)&data, data);

## 二、填空题

1. C++的输入/输出是以_____方式进行的。

2. 用于对齐格式的流运算符是___①___、___②___和___③___。

3. 可以用于设置和重置格式状态的成员函数是_____。

4. 大多数 C++程序都要包含头文件_____来进行 I/O 操作。

5. 使用参数化的运算符，必须包含头文件_____。

6. 头文件_____包含了对用户控制文件进行处理的声明。

7. ostream 成员函数_____用于实现非格式化的输出。

8. 标准错误流的输出指向___①___和___②___流对象。

9. 流插入运算符的符号是___①___，流提取运算符的符号是___②___。

10. 系统支持的 4 个标准设备对象分别是___①___、___②___、___③___和___④___。

11. 流操作符___①___、___②___和___③___分别要求整数以八进制、十进制和十六进制格式显示。

12. 文件流 fstream、ifstream 和 ofstream 的成员函数_____可以打开一个文件。

13. 文件流 fstream、ifstream 和 ofstream 的成员函数_____可以关闭一个文件。

14. istream 的成员函数___①___可以从指定的流读取一个字符，ostream 的成员函数___②___可以向指定的流输出一个字符。

15. 在随机存取文件时，iostream 的成员函数_____通常用来从文件读取数据。

16. istream 和 ostream 的成员函数___①___和___②___可以分别将输入和输出流的文件定位指针设置到指定位置。

17. 在 C++中进行磁盘文件处理时，缺省打开的文件类型为_____。

18. 以程序的运行结果是_____。

```cpp
#include <iostream.h>
void main( )
{
    int n=100;
    cout<<dec<<n<< ", ";
    cout<<oct<<n<< ", ";
```

```
        cout<<hex<<n<<endl;
}
```

## 19. 以下程序的运行结果是_____。

```
#include <iostream.h>
#include <iomanip.h>
void main( )
{
    int i=1000;
    double d=123.456789;
    cout<<"1234567890"<<endl;
    cout<<setw(8)<<setfill('*')<<i<<endl;
    cout<<i<<endl;cout<<d<<endl;
    cout<<setw(10)<<d<<endl;
    cout<<setiosflags(ios::fixed);
    cout<<setprecision(10)<<d<<endl;
    cout<<setprecision(8)<<d<<endl;
}
```

## 20. 以下程序的运行结果是_____。

```
#include <iostream.h>
#include <fstream.h>
#include <stdlib.h>
void main( )
{
  fstream file;
  file.open("text.dat", ios::out|ios::in);
  if(!file){
      cout<< "text.dat can't open"<<endl;
      abort( );
  }
  char textline[ ]= "1234567890\nabcdefghij\0";
  for(int i=0;  i<sizeof(textline);  i++)
  file.put(textline[i]);
  file.seekg(0);
  char ch;
  while(file.get(ch))
      cout<<ch;
```

```
    file.close( );
}
```

21. 以下程序将一个结构体数组内容写入二进制文件后再读出，并在屏幕输出，请将程序补充完整。

```
#include<iostream.h>
        ①
#include<stdlib.h>
struct student {
    char name[10];
    char sex[4];
    float score;
};
void main( )
{
    student st[3]={ "wang", "女", 89.5, "liu", "女", 92.5, "zhao", "男", 97.5};
    fstream infile, outfile;
    outfile.open("file.dat", ios::out|ios::binary);
    for(int i=0; i<3; i++)
        outfile.write((char *)&st[i], sizeof(st[i]));
            ②        ;
    infile.open("file.dat", ios::in|ios::binary);
    for(i=0; i<3; i++){
        infile.read((char *)&st[i], sizeof(st[i]));
        cout<<st[i].name<<'\t'<<st[i].sex<<'\t'<<st[i].score<<'\n';
    }
            ③        ;
}
```

22. 以下程序实现求出 2~100 的所有素数，并将求出的素数分别送到文本文件 prime.txt 和二进制文件 prime.dat 中，送到文本文件中的结果以表格形式输出，每行输出 5 个素数，请完善该程序。

```
#include<iostream.h>
#include<fstream.h>
#include<math.h>
#include<stdlib.h>
void main( )
{
```

```
_____①_____;
if(!ftxt||!fbin){
    cout<<" \n";
    exit(1);
}
int l=1;
for(int i=2; i=100; i++){
    for(int j=2, k=sqrt(i; j<=k; j++)
        if(i%j==0)break;
        if(j>k){
            ftxt<<i<'\t';
            l=1;
        }
    fbin.write((char *)&isizeof(i);
}
_____②_____;
_____③_____;
}
```

# 11.4 实验内容与指导

## 【实验目的】

1. 掌握流的格式控制形式。

2. 熟练掌握文件的打开、读/写和关闭操作。

## 【实验内容】

1. 编程实现以下输出格式的设置。

(1)以左对齐方式输出整数,域宽为 12。

(2)分别以八进制、十进制、十六进制输入/输出整数。

(3)实现浮点数的指数格式和定点格式的输入/输出,并指定精度。

(4)把字符串读入字符型数组变量中,从键盘输入,要求输入串的空格也全部读入,以回车符结束。

(5)将以上要求用成员函数和操纵符各做一遍。

2. 编写程序实现以下功能。

(1)输入任意多个学生的数据(学号、姓名、成绩),并将数据存放在 student.dat 文件中。

(2)从 student.dat 文件中读出所有数据并显示出来。

3. 用成员函数 read 和 write 来实现文件的复制。

4. 建立两个磁盘文件 f1.dat 和 f2.dat，编程实现以下功能。

（1）从键盘输入 20 个整数，分别存入两个文件中，每个文件存 10 个整数。

（2）从 f1.dat 文件中读入 10 个数，放在 f2.dat 文件原有数据的后面。

（3）从 f2.dat 文件中读入 20 个数，将它们按从小到大的顺序排序，不保留原有数据。

【实验指导】

1. 输出流默认的对齐方式为右对齐。若要改变输出流的对齐方式，可使用预定义格式控制函数 setiosfiags 来实现。

2. 文件读写的主要步骤包括：用文件流类定义文件流对象、打开文件、读写文件和关闭文件。

3. 文本文件和二进制文件存取方式的区别在于：文本文件存取的单位为字符，二进制文件存取的单位为字节。

对文本文件的读写通常直接使用插入运算符“<<”和提取计算符“>>”，对二进制文件的读写一般通过 read 和 write 函数实现。